大美中国茶

余悦 主编

图说中国茶文化

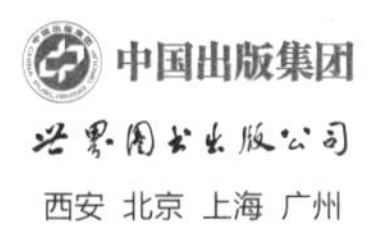

世界图书出版公司
西安 北京 上海 广州

图书再版编目（CIP）数据

图说中国茶文化 / 余悦主编 .—西安：世界图书出版西安有限公司，2014.11（2021.7 重印）
ISBN 978 - 7 - 5100 - 8497 - 3

Ⅰ . ①图…　Ⅱ . ①余…　Ⅲ . ①茶叶—文化—中国—图集　Ⅳ . ① TS971 — 64

中国版本图书馆 CIP 数据核字（2014）第 273936 号

图说中国茶文化

主　　编	余　悦
责任编辑	李江彬
封面设计	后声文化 · 王国鹏
排版设计	新纪元文化传播有限公司
出版发行	世界图书出版西安有限公司
地　　址	西安市锦业路 1 号都市之门 C 座
邮　　编	710065
电　　话	029-87214941　029-87233647（市场营销部） 029-87234767（总编室）
网　　址	http://www.wpcxa.com
邮　　箱	xast@wpcxa.com
经　　销	全国各地新华书店
印　　刷	西安市建明工贸有限责任公司
成品尺寸	170mm × 230mm　1/16
印　　张	12.5
字　　数	180 千
版　　次	2014 年 11 月第 1 版　2021 年 7 月第 4 次印刷
书　　号	ISBN 978 - 7 - 5100 - 8497 - 3
定　　价	68.00 元

一直以来，采用图文并茂的形式介绍各种知识，似乎是科普的“专利”，不同学科知识挂图往往成为科普推广的重要方式。近些年来，随着生活节奏的加快，快乐而轻松地阅读成为一种“时尚”，于是，各方面以图释文的图书，包括人文社会科学内容的“图说”一类的书籍，也就应运而生，甚至大行其道。当然，这种做法并非仅从科普借鉴而来，也是传统的一种“回归”。因为，历史上“插图本”之类的书籍，或者“绣像”小说之类的读物，都曾占有重要的一席。如今，当我读到著名茶文化专家余悦教授的《大美中国茶》“图说”系列图书时，深感这是中国茶文化图书的又一佳作，我为它厚重而耐读的内容，大气而典雅的装饰所吸引，也引起了我对一些关于茶知识普及图书的联想。

其实，在中国茶文化史上，运用“图说”来宣传和普及相关知识，是一种传统和特色。早在唐代，中国也是世界上第一本茶书——陆羽《茶经》，就明确指出要用挂图的形式来介绍其内容。宋代有《茶具图赞》，更是以茶具的图画，再加以赞语，达到了最佳的宣传效果，给人们留下了深刻的印象。我想，余悦同志的这一系列书，自然是接续了这些传统的。同时，又吸取了当代的“时尚”元素，无论是文字内容，还是装帧设计，都给人以现代气息，更为精彩、精典、精美，这又是超越传统，容易受到当代社会欢迎的。

用“图说”的形式，并非仅仅与普及、普通和浅显相伴，同样可以是提升、精致和深刻的品牌；不仅仅由初涉此道者写作，同样需要高水平专家学者的积极参与。记得著名历史学家吴晗先生，就曾积极主持和热心写作《历史知识小丛书》。现代著名文史专家郑振铎先生的《插图本中国文学史》，至今仍然是治中国文学史的经典著作。中国社会科学院学部委员杨义先生的《中国古典文学图志》《二十世纪中国文学图志》，同样精彩纷呈，受到学界的好评。而余悦同志的《大美中国茶》“图说”系列也是自成风格，颇多妙趣。概括起来，起码有三方面的特色：一是严谨的写作态度。我推动和主持的首届国际茶文化学术研讨会，余悦同志是当时为数不多的风华正茂的参加者之一。二十多年来，他一直致力于茶文化的学术研究，成果丰硕，影响深广。他秉承着学者的良知和严谨的治学态度来写作每一本著作，这次同样如此。二是在研究基础上的普及。中国茶文化普及有两种态度：一是率而操笔，东拼西凑。二是深有研究，再做普及。余悦同志的这系列书，无疑属于后者。他同样汲取学界的成果，但是经过自身的思辨和消化。他更多的是在精心研究和深思熟虑之后，再向社会和大众介绍自己的创见。三是优美而耐读的文字。文喜不平，语当惊人，这是作者孜孜不倦的追求。此书的文字优美鲜活，具有张力，别有韵味，犹如上品的乌龙茶，所谓“七泡有余香”，经得起细细咀嚼。上述特点，再加上图书编辑的匠心独具的精美设计，更使这套书锦上添花。

韶华终易逝，岁月催人老。自从改革开放后，我积极参与和推动中国茶文化事业，不觉已是二十多年。我也从古稀之年，进入耄耋之期。在我年事渐高之际，能够为中国茶文化尽一份心，出一份力，诚如古人所说是“平生快事”。余悦同志也是这一历史进程的积极投身者，是以自己的学术为之做出贡献的人士。我向来认为：中国茶文化也应与时俱进，需要一代又一代人的努力。如今，我虽然从第一线退下来，依旧关心中国茶文化和祖国的繁荣富强。茶文化事业的持续发展，需要各方面形成的“合力”，需要坚持不懈的开拓进取，需要高深的研究，也需要不断的普及。

“老夫喜作黄昏颂，满目青山夕照明。”叶剑英元帅的诗句，此刻正好表达了我的心境：我们对于中国茶文化事业寄予厚望，深信必将持续历史的辉煌成就和未来的灿烂前景！

王家扬 年九十七

二〇一四年十一月

（王家扬先生为中国国际茶文化研究会创始会长，现任荣誉会长）

在世界三大无酒精饮料中，茶以独特的风范和迷人的魅力，成为风靡全球的饮品，具有举足轻重的地位。中国茶文化精神和西方的酒神精神，代表了不同品性、不同品格、不同品味的取向与情趣。

多年以来，出现在我们眼前，回响在我们耳畔，萦绕在我们脑海的，有一个耳熟能详的词——国饮。其实，“国饮”的表达，有广博的意义和深厚的内涵。

国饮，是中国之饮。大量的史料和实物证明：中国是茶的发源地，也是茶文化的发祥地。早在六千万年前，地球上就有茶类植物。中国西南地区是茶的原产地，中国先民四五千年前就发现和开始利用茶，经历了由药用、食用到饮用的过程。世界上茶的种植、栽培、制作、加工和饮用技艺，无一不是源自于中国。

国饮，是国人之饮。茶是中国最常见、最普及，与日常生活紧密相关，又和文化艺术休戚相关的饮品。早在先秦时期，就有关于中国饮用茶叶的记载。汉代已成常规，到了唐代，更是成为“举国之饮”，并上升到品饮的精神层面。“柴米油盐酱醋茶”，“琴棋书画诗酒茶”，正是这种境况的概括。

国饮，是国际之饮。中国茶的外传是一件具有世界意义的事件。饮茶的国际化，给世界带来的是健康、和平、温馨与幸福。这一历程，可以上溯汉朝，下至现代。唐代的繁盛，宋代的精致，明代的普及，统一进入中国茶的传播进程。如今，世界上有五十多个国家种植茶叶，一百多个国家，近三十亿的人口饮用茶叶，成为蔚为壮观的社会生活与文化景象。

所以，我们在说“茶为国饮”时，其实说的是中国之饮，说的是国人之饮，也说的是国际之饮。

中国茶和茶文化的盛大气象，既有时间的长度，又有空间的广度，使用“上下数千年，纵横数万里”来形容是极为恰当的。博大精深的中国茶文化，既包括物质的丰富性，又包括事项的繁复性；既包括文化的多样性，又包括精神的深刻性。哲学、历史、文学、艺术、美学、民族学、民俗学、植物学、生态学及绿色食品、加工制作、商品销售、包装设计、创意策划等，都与中国茶和茶文化有“解不开、理还乱”的姻缘。

正因为如此，中国茶文化展现出异彩纷呈的立体画面。我们认为作为向海内外传播中国茶文化知识的系列图书，既要能够反映茶文化的整体面貌，又要具有茶文化的多重影像。在茶书大量出版的今天,要设计这么一套新意迭出的图书更为不易。为此，我们在这套图书中突出四个关键词：文化、器物、艺术、空间，并且用图文并茂的形式给予立体的展现。其中，《图说中国茶文化》采用精练的文字，扼要的叙述，全面反映中国茶文化的多个侧面；《图说茶具文化》是对茶艺中最有实际效用和文化意味的器物（茶具）进行观察与历史及实用、文化的多角度探讨；《图说香道文化》以与茶文化相融合的香道艺术作为视点，从中窥见茶艺与其他相关艺术的关联与契合；《图说红木文化》与其他对红木器具介绍的著作颇为不同，而是站在品茗空间设计的立场来考察相关的红木器具。这四个方面的组成，既有宏观的视野，又有微观的扫描，体现出对前辈学者“龙虫并雕”学术传统的继承与创新运用。

我们对整套图书采用了“图说”的方式。“图说”是运用照片和图片的直观方式来进行诠释，使读者更为畅达、畅怀、畅快地享用、享有、享受茶文化。这种畅享，是不同国家、不同民族、不同群体都能够共同享有的。记得二十多年前，我题词时曾写道：“茶使世界更美好，茶使人类更健康”。我想，这应该是我们始终秉承的理念，也是本套图书编撰的初衷。

让我们跟随着《大美中国茶》图说系列的步伐，亲近茶文化，走进茶文化，畅享茶文化！

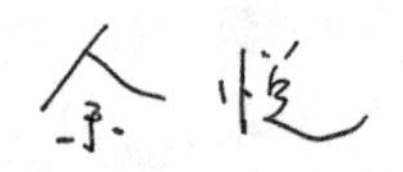

2014 年 5 月 8 日于洪都旷达斋

目录

CONTENTS

引言

认识中国，从茶文化开始

仙山灵雨湿行云，洗遍香肌粉未匀。
明月来投玉川子，清风吹破武林春。
要知玉雪心肠好，不是膏油首面新。
戏作小诗君一笑，従来佳茗似佳人。

这首题为《次韵曹辅寄壑源试焙新茶》的诗，是宋代苏东坡的作品。作为影响深远、名播千秋的文学家、诗词圣手、书法大家，苏东坡的这首诗难称之为其代表作，但同样是脍炙人口的佳构。以茶喻美人是作品的“亮点”，后人常将苏东坡写西湖的名句与此诗末句集成茶联：“欲把西湖比西子，从来佳茗似佳人”，传扬久远，为人称道。

其实，这首诗的首句看似平常，却同样可圈可点。诗人把茶称之为“仙山灵草”，既是对前人的继承，更是高度地概括与升华。晋代杜育的《荈赋》开篇是：“灵山惟岳，奇产所钟。瞻彼卷阿，实曰夕阳。

厥生莽草，弥谷被岗。”而苏东坡则将这六句，浓缩成精华的四个字：“仙山灵草。”

的确，中国茶来自于鬼斧神工的“仙山”。

茶的原产地位于中国西南地区的崇山峻岭中，这里多雨炎热的天气使野生茶树多是树冠高大、叶大如掌的乔木型大叶种。而西南地区复杂多样的地形，高低不同的海拔，差异很大的气候，又使乔木、半乔木和灌木型的各种类型茶树同时存在。至今，在中国西南地区还分布着很多古老的野生大茶树，他们是考证茶树起源的活化石。目前，云南、贵州、四川、广西、广东、湖南、江西、福建、海南、台湾等省、自治区仍生长着数百年甚至千年的古茶树，有野生型的，有栽培型的，也有过渡型的，其中部分珍稀大茶树为世界所罕见。这些古茶树，大多也生长在高山，是茶树原产地的活见证，是茶文化的宝贵遗产。并且，在长期的历史进化中，茶树逐渐形成了喜温、喜湿、耐荫的生活习性，因此，茶树主要生长在江南丘陵山地。宋代著名茶人和大书法家蔡襄的《北苑十咏·北苑》一诗就描绘了茶区的自然风貌：“苍山走千里，斗落分两臂。灵泉山地清，嘉卉得天味。”意思是：茶园地处群山环抱之中，茶树有清澈的泉水相哺，使茶叶蕴藉着“天味”。凡是春茶采摘时去茶山，眼前是一派生机盎然的美景：那岩奇峰幽、青翠欲滴的茶山，那地势高亢、云雾缭绕的茶园，那俊美如仙、心灵手巧的采茶姑娘，那穿云拂天、云蒸霞蔚的采茶场面，怎不使人心旷神怡？怎不使人为之倾倒？“高山出好茶”，平实的话语道出的是值得长久回味的韵意。

的确，中国茶是得大自然精魂的“灵草”。

中国给世界贡献了“四大发明”，同时也有“一大发现”，那就是发现了中国茶——有益人类身心健康的“灵草”。在中国，广泛流传着“神农尝百草”发现茶的传说故事。远古时代尚无文字，当时记事只能靠语音口耳相传。“神农与茶”的结缘，使茶这株“灵草”蒙上了一层神秘的色彩。不过，茶能解毒不仅为历代药学家所验证，还为近代科学所证实。作为“灵草”，茶这小小的叶片，竟然含有300多种化学成分。这些成分，一类是人体所必需的营养成分，如蛋白质、氨基酸、脂肪、碳水化合物、维生素、矿物质等；一类是具有多种功能的药效成分，如茶多酚、咖啡因、脂多糖等。几千年来，中国人一直认为，饮茶不仅能补充人体营养，增进身体健康；同时茶叶中的许多药效成分还有预防多种疾病的功效。此外，茶还可以使人由激愤变得冷静，由冲动变得理智，“平生不平事，尽向毛孔散”，修身养性，清神健体。在长期的实践中，中国形成了“饮茶养生之术”；饮茶有助于减轻电视机射线带来的不良影响，被人们称之为“电视饮料”；饮茶具有增强人体非特异性免疫力、抗辐射、改善造血系统的功能，又被人们誉为“原子时代的理想饮料”；随着现代科学的发展，发现茶与咖啡和可可相比有更多的优越性，因此，又被定位为“21世纪的饮料”。历史的原色闪亮，当代的风采依旧，小小的茶叶怎么不是当之无愧的“灵草”呢？宋代大文豪苏东坡诗云：“何须魏帝一丸药，且尽卢仝七碗茶。”当代朱德元帅写道：“庐山云雾茶，味浓性泼辣。若得长饮时，延年益寿法。”这些都是对“灵草”的礼赞。

的确，中国茶是吸日月之精华，得天地之灵气的“仙山灵草”。

仙山有仙脉，灵草有灵气。仙山与灵草的有机结合，就有了集聚效应，有了质的变化，有了新的提升，因此，中国茶也就实现了由物质向精神的演进，由科技向艺术的转变，由生活向文化的升华。于是，中国茶，中国茶文化，就构建起双向的“连理枝”。中国茶是基础，是源头，展现在人们面前的是茶树、茶山、茶区、茶的饮品。而中国茶文化是华厦，是江河，展现在人们面前的是茶俗、茶艺、茶道、茶的文化。当茶还仅仅是作为一种普通的无酒精饮料时，还只是重名茶多点，追求香真味实；重茶叶药理，追求强身保健。而文化则使茶成为“灵魂之饮”，也就走向了重饮茶情趣，追求精神享受；重饮茶哲理，追求借茶喻世。在林林总总的无酒精饮料中，只有中国茶才完成了由日常生活世界向人文精神境界的跨越。中国茶与哲学密不可分，儒、释、道的思想融入其中，民间大众的观念也成为其不可或缺的组成部分。中国茶与文学艺术密不可分，茶的神话、传说、故事，茶的诗词、散文、小说，茶的歌谣、舞蹈、戏剧，茶的书法、绘画、雕刻，茶的谚语、谜语、对联，真是佳作连篇，题材广泛，体裁多样。中国茶与民俗文化密不可分，茶的生产习俗、茶的经营习俗、茶的冲泡习俗、茶的品饮习俗，堪称蔚为大观；阶层茶俗、民俗茶俗、地域茶俗、其他茶俗，各具不同特色；日常饮茶、婚恋用茶、茶艺流变、茶馆文化，均是美不胜收。中国茶文化还与历史学、民族学、教育学、社会学、旅游学、中外文化交流等有着血脉相通的联系。中国的和谐世界理念和中国人性格的养成，也与茶有不可分割的关系。“仙山灵草”真是变化无穷，使人目不暇接；威力巨大，使天、地、人成为一个整体。

正是由于中国茶历史悠久，根繁叶茂；正是由于中国茶文化浩瀚汪洋，博大精深，所以，前贤在诗句中写道：“人间绝品应难识”。

了解茶文化，学习茶文化，品味茶文化，掌握茶文化，传播茶文化，这是一项长期的任务，需要不懈的努力！

茶文化同样存在“启蒙教育”问题。我仍然坚持十多年前说的一句话：“让学术走向民间！”而本书，则是朝向这一目标的又一次尝试。

江西省景德镇市举办“千年瓷都与文化旅游发展论坛”，邀请我作为论坛的主持人。景德镇的旅游宣传创意策划了多项富有吸引力的文案，其中有一句是“认识 China（中国）从 china（瓷器）开始”。我想套用一下这样的句式，说一句话：“认识 China(中国)从 Tea Culture（茶文化）开始”！

第一章

茶史悠然

“古今多少事，都付谈笑中”。历史是一部大书，是一部厚重之作，也是有太多难解之谜的巨著。中国茶文化的历史，已经深深地镌刻在苍劲老树的年轮里，绵延不绝地延伸在千年古道的车辙里，清新鲜亮地渗透在每杯佳茗的馨香里。在清静的夜晚，在细雨中休闲，在知趣的聊天，观着茶画，谈着茶书，喝着春露，我们与古人进行心灵的沟通，我们与茶史进行温情的对话。

烹茶洗砚图［清］钱慧安

第一节 茶文化的故乡

中国是茶之故乡。茶在中国，素有“国饮”的美称。探究中国人发现和应用茶的源流，可上溯到中古时期的神农时代，即公元前 2700 年前，距今已有四五千年的历史。

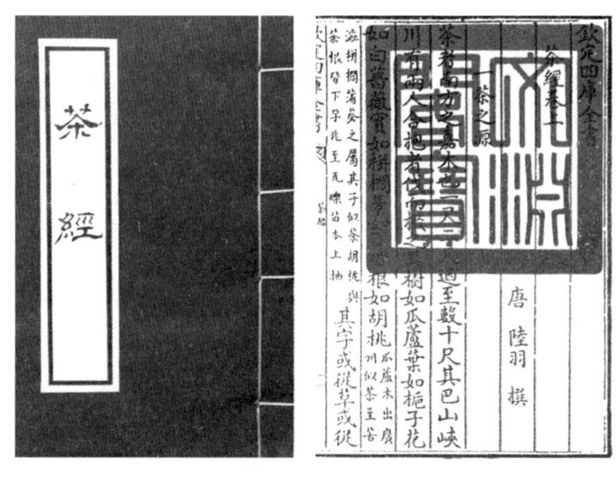

茶经［唐］陆羽

汉文化基本上是农耕文化，在中国文化的发展史上，神农氏一直被奉为开创农业的始祖。据《神农本草经》记载：“神农尝百草，日遇七十二毒，得荼而解之。”古代“荼”字与“茶”字通。这则记载说的是：为了掌握各种植物的特性，神农尝遍各种野草，一天中毒七十二次（指其多也，并非实数）。正当口干舌燥五内若焚时，忽见几片叶子飘落，遂拾入口内咀嚼，其汁液苦涩，气味却芬芳，且有解毒功效。唐人陆羽也认为，神农氏时期已发现茶树，他在《茶经·六之饮》中有云："茶之为饮，发于神农氏，闻于鲁周公。"

如果说神农氏发现茶树尚属传说，不一定可靠，那么中国人在很早以前就发现茶树却是不容置疑的事实。成书于东汉的《桐君录》中，就有"西阳、武昌、庐山、晋陵，好茗……巴东别有真香茗，煎饮令人不眠"之说；陆羽的《茶经》开篇也写道："茶者，南方之嘉木也。一尺二尺，乃至数十尺。其巴山峡川，有两人合抱者，伐而掇之"。此处的南方，指的是大巴山周围及长江三峡一带地区。宋代沈括《梦溪笔谈》云"建茶皆乔木"；北宋宋子安《东溪试茶录》也有"柑叶茶树高丈余，径七八寸"之说；明代云南《大理府志》载有："点苍山产茶树高一丈"，类似记录在其他古籍中也有不少。可见，我国在1800年前就发现了野生大茶树。近代，云贵川也不断有大茶树发现，特别是1961年在云南省勐海县巴达公社海拔约1500米的大黑山森林中发现的大茶树，此树高32.2米，胸径1.3米，离地1.5米处有5个分枝，成熟叶片平均长14厘米，宽6厘米。此树树龄约1700年，是迄今为止发现的最老最大的茶树，被命名为巴达大茶树。这一带，还发现了类似的大茶树9棵，高度在16米左右，有的在20米以上。古今文献中有大量中国大茶树的记载，大茶树也不断被发现，我国专家、学者还从地质变迁、考古论证、茶树的自然分布、茶树的进化类型等方面，证明了茶树的原产地在云南、四川地区，随着长江主、支流以及其他河川而传播开来。虽然个别国外学者有其他的看法，但多数学者还是认为中国为茶树的原产地。

中国不仅是茶树的原产地，还是最早发现并利用茶的国家。"神农尝百草"的故事出自于《神农本草经》，虽然人物有民间传说的色彩，但成书于秦汉年间的此书给我们的启示是至少在战国时代，人们就已发现并在利用茶叶的药用价值。东汉时期的三国时代，神医华佗在《食论》中也提出了“苦茶久食，益思意”，这是茶叶药理功效的最初记录。

武夷山铁罗汉茶树

茶之为用，还有被当作祭品、食品的记载。而茶作为单纯饮料，最早可靠的文献出自西汉成帝时的文学家王褒的《僮约》，书中有“烹茶尽具”“武阳买茶”两句。前一句说明当时饮茶成风，有专门的器具及烹煮方法，后一句则反映茶叶已经商品化，有了专门的茶叶市场“武阳”。

中国是茶的原产地，茶由中国输出到世界各地，这从各国对茶的称谓中可以得到证实。如日语的“cha”，印度语的“cha”都为茶字的原音。英文的“tea”，法文的“the”，德文的“thee”，拉丁文的“thea”，都是按照中国广东、福建沿海地区的发音转译的，也都是汉语茶字的音译。这也证明，茶是由中国向其他国家传播的。

一系列的史料都足以证明：中国是茶的原产地，也是最早发现茶、利用茶的国家。中国最早种茶、制茶、饮茶，是对世界文明和人类生活的重要贡献。在中国这个古老的文明古国中，茶事也经历了从形式到内容、从物态到精神的演变过程，茶作为一种单纯性的物质，逐渐被赋予了丰富的人文内涵和深刻的精神内容，形成了独特的茶文化，因此，中国也是茶文化的故乡。

第二节 唐代茶文化

任何事物的发展，都有其前行的轨迹，茶文化也有其嬗变的历程，诸如酝酿期、萌芽期等。而茶文化的定型，则是在中国文化呈现万千气象的唐代。

调琴啜茗图［唐］周昉（局部）

唐开元年间，由唐玄宗作序而颁行的《开元文字音义》正式确定了“茶”字。唐代茶叶及茶文化的兴起，和整个唐代经济、文化昌盛是紧密相关的，当然也离不开茶事的普及、茶艺的提高、茶学的繁荣等这几个前提条件。

茶事兴盛的客观条件是茶叶种植业的扩大发展。唐代茶树的人工栽培种植技术得到普遍的推广，茶叶的加工技术也有较大发展。从陆羽《茶经》和唐代其他文献记载来看，当时，全国种植茶树的地方为八大茶区，遍及43个州郡，即今天的四川、陕西、湖北、云南、广西、贵州、湖南、广东、福建、江西、浙江、江苏、安徽、河南等14个省区，几乎相当于我国近代产茶地区。茶叶种植面积的扩大，使得其产量也随之大幅提高，据陈椽《茶业通史》估算，唐德宗贞元九年（793年）全国产茶200万担，人均达3.64斤（约1.82千克），创历史最高水平。同时，制茶工艺也有了突破，发明了蒸青绿茶，而且规定了严格的制茶工序，如“采、蒸、捣、拍、焙、穿、封”等。唐时，随着制茶工艺的提高，出现了许多色香味俱佳的名茶，诸如剑南蒙顶山茶、东川的神泉小团、峡州的碧涧明月等，还出现了贡品湖州紫笋茶和常州阳羡茶。

茶叶产量的剧增，制茶工艺的突破，也和当时饮茶习俗的普遍化有关，茶不再单纯作为药品、祭品的形式出现，也不再是贵族士大夫所特有的享受品，此时饮茶已蔚然成风，出现了“比屋之饮”的局面。封演《封氏闻见证》写得更详

捣练图［唐］张萱（局部）

细："自邹、齐、沧、棣渐至京邑，城市多开店铺，煮茶卖之，不问道俗，投钱取饮。""雾日尽夜，殆成风俗。始于中地，流于塞外。"由此可见，唐代饮茶已经普及全国南北各地，成为具有文化意义的嗜好。

随着饮茶风尚的日益传播，饮茶的方法也有较大的改进，人们开始注意茶叶的质量，讲究水的选择，同时对烹煮方法和烹煮环境也越来越讲究。比如：唐人已开始追求茶的形、色、香、味，按陆羽《茶经》中对八大茶区的评定，天下茶分上、中、下三等；而且根据土质、气候、生长条件的优劣，明确指出"上者生烂石、中者生砾壤、下者生黄土"；还具体到"野者上、园者次。阳崖阴林，紫者上、绿者次；笋者上，牙者次；叶卷上，叶舒次。"水的讲究主要在清、洁、轻、甘、洌这几个方面，《茶经》中就界定"山水上，江水中，井水下"。比陆羽生活的时代稍后的张又新著有《煎茶水记》，列有天下 20 名水的次第。虽然后人对这 20 次序有所质疑，认为与陆羽《茶经》观点不符，但无论如何，《煎茶水记》打开了人们的视野，加深了人们对茶艺

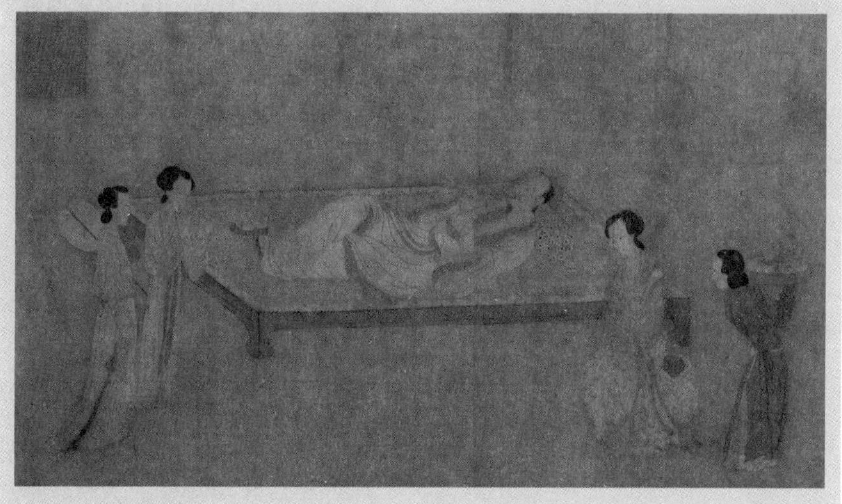

明皇合乐图［唐］张萱

中水的作用的认识。唐以前，茶具与食具是混用的，即使有饮用的器具也不甚讲究，形制并不统一，于是陆羽创造性地提出了“香茶配佳器”的要义。他在总结前人的基础上，发明、制作和规范了茶具“二十四器”，包括煮茶、饮茶、炙茶、贮茶等用具及其附件，还详细介绍了每件器具的作用，以及用材、尺寸、式样等。《茶经》中所记述的专门茶具，是中国茶具发展史上最早、最完整的记录，是对全国茶具的一次统一，也是对茶具的一次划时代的提高和发展。

唐代茶文化从形成到定型，还有两个值得注意的特征。

一是唐诗中出现了一批脍炙人口的茶诗。唐代饮茶之风的兴盛，也进入了文人雅士的生活，反映到文学上，就是茶诗的大量出现。像陆羽、皎然、卢仝、颜真卿、皇甫冉、刘长卿、钱起、卢纶等著名茶人，都写下了咏茶诗篇。就连当时许多彪炳诗坛的大家，如李白、杜甫、刘禹锡、白居易、杜牧、温庭筠、皮日休等，也留下不少茶诗佳构。卢仝《走笔谢孟谏议寄新茶》，其中有“一碗喉吻润，二碗破孤闷，三碗搜枯肠，唯有文字五千卷。四碗发轻汗，平生不平事，尽向毛孔散。五碗肌骨清，六碗通仙灵。七碗吃不得也，唯觉两腋习习清风生”。诗中通过饮七碗茶不同的感受，把茶提神醒脑，激发文思，净化灵魂，与天地宇宙交融、凝聚万象的功能描绘得淋漓尽致。大诗人白居易也把茶引为知己，作过五十多首咏

陆羽塑像

萧翼赚兰亭图［唐］阎立本（局部）

茶诗。他的人生追求在茶诗中也得以体现："雾通行止长相伴"，无论雾通行止，皆以琴茶相伴；"尽日一餐茶两碗，更无所要到明朝"，这才是闲居生活的境界。茶为诗助兴，诗为茶扬名，成为唐代茶文化的一大奇观。

二是出现了文化属性不同的饮茶圈，大致分为文人、僧侣、大众以及宫廷四个圈子。文人茶文化圈的主体，是活跃在文坛的诗人和文学家，包括画家、书法家、音乐家等。茶能形成一种文化，能成为众人喜爱的饮品，饮茶习俗的流行，这些文人士大夫起了很大的推动作用。僧侣茶文化圈的主体是生活在寺庙中的僧人。唐代饮茶风气的盛行，与寺院的倡导与践行是分不开的。僧人吃斋念佛、青灯苦修，饮茶成为他们生活的一部分，也是体悟佛性的"方便法厅"。大众茶文化圈的主体是平民百姓，贩夫走卒等。流汗出力，粗茶淡饭，融进了他们的生命。正是大众率真、率性的表露，使得茶文化有了坚实的基石。宫廷茶文化圈的构成是帝王将相、皇亲国戚，以及围绕在他们周边的达官贵人。在他们追求茶的高贵、器的价高、水的名珍、品的华彩的作用下，茶文化既走向精致、精彩、精当，又以其过度的表现成为穷奢极欲的祸害，以至于进贡茶的朝廷命官袁高也发出了“茫茫沧海间，丹愤何由申”的慨叹。

谈及唐代茶文化，作为定型期的标志之一，就是出现了具有划时代意义的人物陆羽，以及他所著的中国茶学的开山之作，也是世界上第一本茶书的《茶经》。从这时起，中国茶文化的基本架构开始借助文字的载体向更广阔的空间和更久远的时间传播。

陆羽（733—804），唐代复州竟陵（今湖北天门）人，字鸿渐，自称桑苎翁，又号竟陵子。时隔1000多年后的今天，有关他的身世早已湮没难辨，留给我们的只有极少数的史料。但是，对陆羽为茶学所做的巨大贡献，人们一直都给予着很高的评价。我国历史上的茶人，无论文人、释道，达官显贵，还是帝王，无不知陆羽之名，民间也尊称他为“茶神”“茶圣”“茶仙”。而《茶经》自问世以来，在唐代即为人注目，《封氏闻见记》中有“楚人陆鸿渐为《茶论》……

唐人宫乐图［唐］佚名

于是茶道大行，王公朝士无不饮者”的记录；北宋诗人梅尧臣的诗中也有“自从陆羽生人间，人间相学事新茶”的句子；宋代陈师道在《茶经》序中说：“夫茶之著书，自羽始，其用于世，亦自羽始，羽诚有功于茶者也。”国外学者也有这方面的评述，英国人威廉·乌克斯在《茶叶全书》中说：“中国学者陆羽著述第一部完全关于茶叶的书籍，于是在当时中国农家以及世界有关者，俱受其惠……故无人能否认陆羽的崇高地位。”时至今日，《茶经》仍然是一本流传最广、影响最大、茶人最爱的茶书。除中文本外，《茶经》还有英文、日文、韩文等多种译本，受到世界茶人的欢迎。

《茶经》成书的时间，学者有不同的看法，比较普遍的意见是：为避“安史之乱”，唐至德元年（756 年），24 岁的陆羽背井离乡，流落江南，最后定居浙江湖州。他研究茶事，积十年心得，于上元二年（761 年）至宝应元年（762 年）撰写《茶经》初稿，后补充修订，于唐建中元年（780 年）刻印问世。分 3 卷 10 节，约 7000 字。卷上：一之源，讲茶的起源，茶的性状、名称和品质；二之具，谈采茶、制茶的用具；三之造，谈茶叶的种类和采制方法。卷中：四之器，介绍煮茶、饮茶的器具；卷下：五之煮，讲煮茶的方法、各地水质的品第；六之饮，介绍饮茶风俗和饮茶方法；七之事，汇录唐前历代文献有关茶的故事和药效；八之出，介绍全国名茶产地和茶叶品质高低；九之略，论述在特殊环境下可以省略一些制茶工具和饮茶器具；十之图，提出把《茶经》所述的内容抄在素绢上张挂起来，以便日常学习记用。《茶经》虽然文字不多，内容却广泛而精当，对生产和饮茶风气都起了极大的推动作用。虽然 1000 多年来，茶叶生产和茶文化状况都发生了巨大变化，但陆羽的《茶经》作为世界上第一部最完备的综合性茶学著作，成为历代和当今必读的经典。

第三节 宋元茶文化

“茶兴于唐而盛于宋”，这是中国茶业发展的阶段性写照，也是茶文化历史性的总结。

文会图［宋］赵佶

在李唐王朝的300年间，无论政治、经济、文化、外交、外贸、艺术等方面，都达到了鼎盛时期，至宋代，尽管被视为“积弱国衰”在走下坡路，但经济、文化仍是相当繁荣。就茶事而言，随着茶叶生产在社会生活和经济文化中的地位日趋重要，全国茶叶生产区域日益扩大，茶叶产量也不断增加，饮茶更为广泛普遍。王安石《议茶法》说：“夫茶之为民用，等于米盐，不可一日以无。”宋人吴自牧编撰的《梦粱录》载有“开门八件事”：柴、米、油、盐、酒、酱、醋、茶。到元代，去掉酒而成“开门七件事”，元杂剧《刘行首》二折中有一首诗：

教你当家不当家，
乃至当家乱如麻；
早起开门七件事，
柴米油盐酱醋茶。

撵茶图［宋］刘松年（局部）

可见，茶已同布帛菽粟，成为日常生活之必需品。

从茶艺来讲，宋代继承了唐人开创和构建的茶艺体系，却又根据当时的需要加以发展，并形成以“斗茶”“分茶”为特色的风貌，同时为明清茶文化发展开辟了新的前景。

宋代茶艺能够再领风骚，与贡茶的关系极为密切。而龙团凤饼，即是贡茶的巅峰之作。贡茶虽然始于唐代，但贡茶制度的确立完善，和宋代制茶技术的突破有关，也和团饼茶制造工艺的改进有关，还和当时崇文抑武的国策有关。

唐代是在镇压各地农民起义及地方割据中成长起来的，而后又开疆拓

宋代人物图（典型文人书斋生活）

土，进入鼎盛时期，士民大都以军功致显位。而宋代赵匡胤却是黄袍加身转眼成皇帝，后来又在杯酒释兵权中奠定国力基础，因此国策崇文抑武。到了宋太宗时期，更为注重中央集权，即使在茶叶生产和皇室饮茶方面，也要维护皇权的威势和体面。他在太平兴国二年（977年）下诏要求必须“取象于龙凤，以别庶饮，由此入贡”。为了实行皇上的旨意，朝廷派出专门的官员来到建安北苑（今福建建瓯）监督龙凤贡茶。这种茶的制作方法，是在茶膏定型模具上刻上龙、凤、花、草图案，将茶饼用这样的模具压制定型后就有了龙凤造型。开始，贡茶的数量并不是很多。稍后，出现了“前丁后蔡”这两个人物，才使北苑茶史翻开了新的一页。宋太宗去世后，真宗继位，年号为咸平。这时，丁谓（962—1033）担任福建转运使，并负责监督北苑御茶，北苑茶有了较大的变化。为了能让皇帝早日尝上新茶，达到早、快、新的目的，丁谓“社前十五日即采其芽，日数千工，聚而造之，逼社入贡”。从采茶到入贡不过数十天时间，由福建茶区到北宋京城开封，路途遥远，在当时的交通条件下，这是令人难以想象的事情。他监制的大龙团茶（原无“大”字，因后有小龙团茶而加以区别），比过去龙凤茶的质量要高上无数倍，深得朝廷欢欣。因此，丁谓也官运亨通。

仁宗庆历年间（1041—1048年），蔡襄为福建转运使，主要任务和丁谓一样，也是监制御用茶叶，而且“益重其事，品数日增，制度日精”。蔡襄上任后即改进大龙团茶的制作，从外形上主要是将过去8饼一斤（0.5千克）的大龙团，改为20饼一斤（0.5千克）的小龙团茶，茶饼直径5厘米左右，表面上印有精致的龙凤及花草图案。在品质上，蔡襄采用鲜嫩茶芽做原料，精益求精，大大改进了制作工艺。他曾著有《茶录》专论，虽不到800字，但此文在茶质的色、香、味等方面，都提出了自己的主张，对藏茶、炙茶、碾茶、罗茶、候茶、点茶以及茶器、茶具等，作了应有的叙述。经过一系列的改进和宣传，小龙团茶的制造和饮用，得到大大提高。《宣和北苑贡茶录》中说：“自小

斗茶图［宋］刘松年

团出，而龙团（即大团）遂为次矣。”

自“前丁后蔡”的大、小龙团“争新买宠”后，在宋神宗的熙宁年间，又出了个贾青为福建转运使，那时非常珍贵的御用茶品是密云龙。在《宋稗类钞》的工艺篇中有这样的记载：“然密云龙之出，则二团（指大小龙团茶）少粗，以不能两好也。”这也说明当时为保证密云龙茶的绝对地位，大小龙团的质量不得不退避三舍的情况。

建安在宋代成为贡茶之地后，渐渐有了一种“试茶”风气。因为当时的北苑诸山，官私茶焙之数达1300多家，制茶者造出茶叶来，自然首先要比较一番高下。正如范仲淹《和章岷从事斗茶歌》所描绘的：“北苑将期献天子，林下雄豪先斗美。”后来，由贡茶产地相聚而品评的“试茶”逐渐演变成了全民的“斗茶”风俗。而且，这种由品茶生发成集体裁决茶叶优劣的新事，很快风靡全社会，上至王公贵族、文人雅士，下至平民百姓、市井小民，多乐此不疲。

“斗茶”又叫“茗战”“点茶”，宋代斗茶承继的是唐五代之习。因为建安贡品多为饼茶，虽然唐代也有饼茶，但宋人对饼茶质量要求很高，用的都是建安北苑所产的选料，加工也极为精细，斗茶人首先要会辨别饼茶的质量。宋徽宗赵佶在《大观茶论》中总结了鉴别茶饼的方法：一是以色辨，要求茶饼“色莹彻而不驳”；二是以质辨，要求茶饼“缜绎而不浮”“举之凝结”，即要求质地密而不松散，拿在手里有一定分量；三是以声辨，要求茶饼“碾之则铿然”。总之茶饼要坚密、干燥、干净，达到上述要求，就“可验其为真品也”。

斗茶的程序大致是：首先用开水将茶盏烫热，分置茶末于盏中，注入开水调成糊状，如同浓膏油，谓之“调膏”。煎水是很重要的一环，宋人煎

竹西草堂图［元］张渥

水用瓶，待水沸提起瓶，一点一点往茶盏内滴注，同时用工具搅动盏中茶末，边点边搅，令水与茶彼此交融，泡沫泛起。古代称沸水为“汤”，以瓶滴注叫“点”，故古代雅称茶壶叫“汤提点”。搅动茶末的动作叫“击拂”，“击拂”时汤面泛起的泡沫叫“汤花”。击拂高手可以令汤面上的汤花幻化成各种形状，若花鸟虫鱼、若山川草木，纤巧有若绘画，因此，这种点茶艺术又称为“汤戏”“茶百戏”，或“水丹青”，即茶水之画。

斗茶的胜负标准是什么呢？蔡襄在《茶录》中指出：“视其面色鲜白，著盏无水痕为绝佳。建安斗试，以水痕先者为负，耐久者为胜。”这就是说，主要看两点：一是“汤色”，二是“汤花”，最后综合评定味、香、色。唐宋之时，斗茶虽然都讲究斗茶味、差别茶香，却又同中有异。唐五代风俗，以绿茶贵，而在蔡襄与范仲淹的北宋前期，品茶已经崇尚白茶。

斗茶是我国古代品茶艺术的最高表现形式，历史上的斗茶，虽然一去不复返，但今日的茶叶鉴评技术和品茶艺术，多少有点宋代遗风。需要指出的是，唐代虽然是茶文化定型时期，却是以僧人、道士、文人为主来领导茶事活动的，直至宋代，因为宫廷茶文化的正式出现，市井茶文化和民间斗茶之风的兴起，茶文化才进一步向上下两层拓展。宋代虽然一直处于内忧外患时期，但经济繁荣商业发达，城市集镇大兴，当时的开封商贾云集，他们要求有休息、饮宴、娱乐之地，所以这样的场景应运而生，点缀着京都的繁华景象。

第四节 明清茶文化

在中国历史上，明、清是两个各自独立的王朝，然而，站在茶文化史的视野来看，两个王朝却有相同相似的联系，那就是：明、清都是吃茶的朝代，都是茶文化的普及时期。当然，两者也都有各自不同的流光溢彩。

松溪论画图［明］仇英

明代，在中国茶文化史上，是一个继往开来的时期。在这一时期，有两项重大的改革措施：一是制茶与品饮方法的改革，一是饮茶器具的创新。

明代开国皇帝朱元璋时期，由于茶课（税）轻利厚，所以民间广泛种植茶树，茶饮之风日盛。明《农政全书》有这样的记载：“上而王公贵人之所尚，下而小夫贱隶之所不可缺。”可见，明代茶饮之兴盛。

在制茶方面，明代由散茶代替了团茶。关于原因，有一种说法是：明太祖朱元璋出身贫寒，颇懂民间疾苦，他听说茶农很苦，制造进贡茶饼耗资很大，于是提倡节俭，下令废除制造进贡茶饼改成冲泡散茶。其实，朱元璋的作用只是推动了制茶改革，而并非由制作团茶改为散茶。因为散茶的制作和饮用，宋元时期就是存在的，并且民间饮用散茶的风气越来越盛。早在北苑御茶场制造奢侈的茶饼的同时，民间就多制作散茶，一般称为“草茶”“山茗”等。元代《王桢农书》中对饼茶说：“此饼惟充贡，民间罕见之。”可见当时只有宫廷少数士大夫阶层仍在用茶饼，民间一般都以饮用散茶为主。明洪武二十四年（1391年），朱元璋诏罢团饼，“惟令采芽、茶以进”，只是顺应了当时散茶在民间普及的潮流。而中国封建社会一直是以皇权为核心，皇帝旨意自然影响朝野。自此，正式结束了唐以来团茶的饮用史，奠定了散茶的地位。

品茶图［明］文徵明

茶的制作以炒青为主，炒青

法虽然在唐宋时就有，但普及定型却是在明代。明人许次纾在《茶疏》中有一段关于炒青的记述：

生茶初摘，香气未透，必借火力以发其香。然性不耐劳，炒不宜久。多取入铛，则手力不匀，久于铛中，过熟而香散矣，甚且枯焦，尚堪烹点。炒茶之器，最嫌新铁，铁腥一入，不复有香。尤忌脂腻，害甚于铁，须豫取一铛，专供炊饮，无得别作他用。炒茶之薪，仅可树枝，不用杆叶。杆则火力猛炽，叶则易焰易灭。铛必磨莹，旋摘旋炒。一铛之内，仅容四两。先用文火焙软，次加武火催之。手加木指，急急钞转，以半熟为度。微俟香发，是其候矣，急用小扇钞置被笼。纯棉大纸衬底燥焙积多，候冷，入罐收藏。人力若多，数铛数笼，人力即少，仅一铛二铛，亦须四五竹笼，盖炒速而焙迟。燥湿不可相混，混则大减香力。一叶稍焦，全铛无用。然火虽忌猛，尤嫌铛冷，则枝叶不柔。

玉川煮茶图［明］丁云鹏（局部）

从中我们可以看出，明时期采用的高温杀青的炒青制法，能更好地保存茶叶的色、香、味、形。

清人蒋伯超在《通斋诗话》中说：“明人以瀹茗相高，碾煨从遂废焉。”茶形由团茶变成散茶后，饮茶方式也有相应的变革，茶由原来的研末而饮变成了沸水冲泡的瀹饮法。茶叶冲以开水，然后细品慢啜，透过袭人的茶香、酽醇的茶味以及清澈的茶汤，而领略茶天然之品性。散茶的这种饮法，能使茶叶固有的芳香味得到更好的发挥。明代陈师在《禅寄笔谈》中还具体提到：“杭俗用细茗置瓯，以沸汤点之，名曰撮泡”。我们现在常用的茶叶冲泡即是沿袭这种泡法，特

清代杨柳青版画 叶戏仕女图

别是明代朱权于1440年前后编的《茶谱》，对于散茶的饮用作了详细的介绍。这本茶书除绪论外，分品茶、收茶、煮茶、薰香茶法、茶炉、茶灶、茶磨、茶碾、茶罗、茶架、茶匙、茶筅、茶瓯、茶瓶、煎汤法、品水等16则。书中反对使用蒸青团茶杂以诸香，独倡蒸青叶茶的煮法，“取烹茶之法，末茶之具，崇新改易，自成一家”，被称为“开千古茗饮之宗”。从明代开始至今约有600年。

随着散茶冲泡饮法的兴起，崇尚盏、碗的唐宋茶具同样需要“崇新改易”，出现了瓷器与紫砂茶具，尤其是推崇“景瓷宜陶”。当时人们在泡茶时，茶壶茶具要用开水洗涤，并用干净布擦干，茶杯中的茶渣必须先倒掉，然后再斟。茶盏也由宋代的黑釉瓷变成了白瓷或青花瓷，上等的是“薄如纸、白如玉、声如磬、明如镜”的景德镇瓷器茶具。如此考究的做工，艺术价值也相当高。然而，明人更为好壶，尤其是紫砂壶，饮茶器皿“以紫砂者为上，盖既不夺香，又无熟汤气”（文震亨语）。明人对紫砂壶的追捧达到几近狂热的程度，以致“明制一壶，值抵中人一家产”。

茶叶生产的发展，茶叶加工和品饮方式的简约化，使得这种简便寻常的生活艺术更广泛地深入到社会各个层面。明代饮茶在广大民众中的普及，最为重要的体现是茶馆、茶楼的普遍存在和茶俗的更为完备。如果说“柴米油盐酱醋茶”是俗人的开门七件事，那么“茶药琴棋酒画书”（清·樊增祥）就是雅士的七件事了。在“俗七件”中，茶居于末位，而在文人雅士和官宦世家的“雅七件”中，茶居首位，这和明代重科举、文风盛、喜风雅有关。文人雅士在吟风弄月的同时，好以茶助兴、以茶雅志。袁宏道更是毫不隐讳地说：“茗赏者上也，谭赏者次也，酒赏者下也。”

明代茶事的繁荣，另一个体现是茶学著作的丰富，现今留存有 55 部。先后有朱权的《茶谱》，田艺蘅的《煮泉小品》，屠隆的《茶说》，张源的《茶录》，许次纾的《茶疏》等，这些著作都极大地丰富了茶文化的内容。从这些文献资料的记载中，我们可以看到明人对品饮艺术的追求和鉴赏，包括茶叶本身的真味与清香，品水之学，品饮环境，甚至对饮茶之人的多少和人品、品饮时间和地点等，都有明确的要求。所谓“一人得神、两人得趣、三人得味，七八人是名施茶”。冯可宾的《茶芥》提出了“无事”“佳客”“幽坐”“吟诗”“挥翰”“徜徉”“睡起”“宿醒”“清供”“精舍”“会心”“鉴赏”“文童”这十三宜，还有“不如法”“恶具”“主客不韵”“冠裳苛礼”“荤肴杂陈”“忙冗”“壁间案头多恶趣”七禁忌。许次纾也有类似的见解，在《茶疏·饮时》中写道品茗时的最佳状态：

心手闲适，披咏疲倦，意绪纷乱，听歌拍曲，歌罢曲终，杜门避事，鼓琴看画，夜深共语，明窗净几，洞房阿阁，宾主款狎，佳客小姬，访友初归，风日晴和，轻阴微雨，小桥画舫，茂林修竹，

斗茶图［清］严泓曾

课花责鸟，荷亭避暑，小院焚香，酒阑人散，儿辈斋馆，清幽寺观，名泉怪石。

上述两人都强调茶非饮而在品，即通过品茗达到精神上的愉悦，达到清心悦神、超脱凡尘的心理境界。

明末清初，茶风日趋纤弱，不少茶人以风流文事送日月，甚至皓首穷茶，一生泡在茶壶里，玩物丧志。而唐宋时期中国传统的茶艺形式趋于淡化，明代开始的清饮雅赏冲泡方式得以沿袭并占主导地位。通过茶馆的普及，茶文化精神在民间广为流传，与百姓的大众生活、纲常伦理紧密结合起来。

并且，明清时代，我国六大茶类生产已基本定型，除绿茶外，尚有黄茶、黑茶、白茶以及红茶和乌龙，人们根据各地风俗习惯和民族嗜好选用不同茶类饮用。当时，中国已是世界上最大的茶叶生产和出口国，成为生产多茶类、出口多茶类、饮用多茶类的茶叶大国。

第五节 当代茶文化

传统的中国茶文化以其深刻的内涵在中国文化史上占有特殊的地位，但自民国以后，茶文化的活动和发展渐趋沉寂，茶文化研究也几乎搁置。

民国时期茶馆场景

新中国成立后，国家十分重视茶叶生产，建设了许多茶叶生产基地，茶叶经济有了飞速发展。据不完全统计，全国共有16个省（区），600多个县（市）产茶，茶园面积从1950年的21.15万公顷增加到2002年的118万公顷；茶叶产量从1950年7.19万吨增加到 2004 年的近 80 万吨；茶叶出口量也从 1950 年的 2.63 万吨增加到 2004 年的 28.3 万吨。目前，我国茶园面积占世界的 44%，居世界第一位；茶叶产量占世界总产量的 17%，居世界第二位；出口量占世界的第三位，其中绿茶的出口贸易占世界贸易总量的 70%。全国名茶也呈千姿百态之状，如西湖龙井、庐山云雾、君山银针、黄山毛峰、婺源绿茶、碧螺春、安溪铁观音等都香飘万里，驰名中外。

新中国成立以后，由于社会发展，经济繁荣，人民生活水平提升，使得原已沉寂的茶文化活动，又渐渐复兴起来。传统的品茶茗活动，在民间一直得以传承。特别是改革开放以来的 30 年间，我国的茶叶茶学都发展到了一个崭新的阶段，无论是茶叶品类之多，采茶之精，生产、管理以及茶的利用开发之科学，还是茶文化内容之丰富，都是前所未有的兴盛。当代茶文化的发展呈现出一派繁荣的景象。

物质财富的大量增加为我国茶文化的发展提供了坚实的基础。1982 年，在杭州成立了第一个以弘扬茶文化为宗旨的社会团体——“茶人之家”。1983 年，湖北成立“陆羽茶文化研究会”。1990 年，“中华茶人联谊会”在北京成立。1993 年“中国国际茶文化研究会”成立，其地址设在有“茶都”之誉的杭州。1991 年，中国茶叶博物馆在杭州西湖畔正式开放。1998 年，中国国际和平茶文化交流馆建成。随着茶文化的兴起，各地茶艺馆越办越多。

长嘴铜壶花式表演

自“中国国际茶文化研究会”首次在杭州召开，后又曾于湖南常德、广东广州、浙江湖州、四川雅安、山东青岛等地举办，而到韩国、马来西亚举行的大型国际茶文化研讨会，也已开到第五届，先后吸引了日本、韩国、美国、法国、斯里兰卡等几十个国家及港澳台地区的人士参加。各省市自治区及主要产茶县纷纷举办茶叶和茶文化节庆活动，如福建武夷市的岩茶节，云南的普洱茶节，浙江新昌、浙江泰顺、湖北英山、河南信阳的茶叶节，江西星子县的“天下第一泉国际茶会”，婺源的国际茶会，等等，真是不胜枚举。这些节庆活动，都以茶为载体，促进当地经济贸易的全面发展。

改革开放30多年的当代茶文化发展，具有多方面的特点。

一是以思想解放和观念更新为突破。在中华人民共和国成立后的前30年，由于以改变祖国“一穷二白”的面貌为重要任务，强调对封建主义和资本主义生活方式的批判，在倡导艰苦朴素、自力更生优良传统的同时，也在有意和无意之间，把精致的品茗艺术归入到不健康生活方式的行列。1978年“实践是检验真理的唯一标准”的大讨论，极大地解放了人们的思想，对于中国优秀传统文化和健康的休闲生活，人们也有了更为科学和正确、全面的认识，并为茶文化的复兴奠定了思想文化基础。

当代茶艺表演

二是以茶艺为先导。中国是茶艺的发祥地，古人早就认识到科学正确的冲泡方式，能够达到口感最佳的效果，能够给人最大的精神享受，并在这一过程中达到心灵的洗礼。传统的茶艺，也在当代社会得以继承和弘扬。自从20世纪80年代以来，茶艺再一次在中国大地风靡。既有对传统茶艺的搜集整理，又有以民族、地域原有茶艺为基础的创新。不同茶类、不同器具的茶艺，各具特色，异彩纷呈。日常的实用性茶艺、经营场所的待客茶艺、舞台上的表演性茶艺，其功能与效应发挥得淋漓尽致。特别是茶艺师作为一种新兴职业的出现，更是茶艺发展史上前所未有的事件，极大地推动了茶叶经济。

三是以茶艺馆为载体。现代茶艺馆是从传统茶馆发展起来的，是以茶艺服务为特色的以出售茶汤为主，供宾客品饮的营业场所。茶艺馆的诞生和发展是出于自觉的文化意识，装修有一定的档次，经营有一定的规模，并且都有专职的茶艺师。更重要的是，茶艺馆除了茶水、茶叶和茶具的经营活动外，还经常举办茶艺讲座，开展茶文化活动，把向人们传授品茶技艺和传播茶文化知识作为日常工作，用高雅的文化熏陶感染人们，对于茶文化事业的发展起着重要的作用。

四是以茶文化活动为媒介。当代茶文化兴盛的标志之一，就是琳琅满目的茶文化活动。从内容上看，有茶叶、茶具等专题性的展

浙江省开化茶山

销会，也有综合性的茶文化博览会；从规模上看，有小型的，中型的，也有大型的；从区域上看，有某一区县的，或省市的，甚至是国际性的；从设置上看，有一次性的，不定期举办的，也有定期的，如上海国际茶文化节、浙江杭州国际茶博览会等。这些茶文化活动，尤其是定期的大规模茶文化节庆活动，往往以丰富多彩的活动，富有创新创意的开闭幕形式或精彩的表演，通过现代传媒载体在全国甚至世界产生影响。

五是以茶文化研究为基石。当代茶文化的兴盛，是从挖掘传统茶文化入手的，是从弘扬传统茶文化精华起步的。因此，茶文化研究成为其中的共导。在中国茶文化的历史上，茶道思想和茶艺技能，中国茶文化的典籍文献，理清中国茶文化史的疑团等许多方面，都取得了学术界瞩目的成果。可以说，当代茶文化的每一步发展，都吸取和运用了茶文化研究的成果。同时，茶文化发展的实践，又反过来成为研究的课题。

红茶汤色

六是以茶文化教育为提升。在中国现代教育体系中，仅有茶学的科目和内容。随着茶文化的兴起，培养新型的茶文化人才成为迫切的任务和需要。现在，全国已经逐步建立和完善茶文化人才教育网络，包括实用技能型人才的茶艺师，评茶师的培训，特别是学历教育的中专、大专、本科茶文化课程，还有更高层次的茶文化研究的硕博教育。

总之，当代茶文化的兴盛朝着普及和深入两个方向前行，如今，依然有持续发展的后劲。

第二章

茶香四溢

第一节　茶叶的类别

第二节　茶叶的加工

第三节　茶叶的鉴别

以花喻人，我们已经习以为常；而以人喻茶，则是宋朝大诗人苏东坡的创造。的确，“从来佳茗似佳人”，有个性，有特色，有风采。无论是类别，还是加工；无论是鉴别，还是保管，莫不如此。

安吉白茶

第一节 茶叶的类别

茶叶采自茶树。茶树是多年生常绿乔木或灌木，属山茶科。茶树、茶叶学名为 Camelia Sinensis。茶叶的类别，从不同的角度考量，可以有不同的分类方式。目前，一般是根据加工过程中鲜叶的发酵程度分为不发酵茶、轻微发酵茶、轻发酵茶、半发酵茶、全发酵茶和后发酵茶，相对应的是绿茶、白茶、黄茶、青茶、红茶、黑茶这六大类。

茶叶采摘

1. 绿茶

即不发酵茶，是我国最早出现的茶类。绿茶基本特点是绿汤绿叶，包括大宗绿茶和名优绿茶。

大宗绿茶是指炒青、烘青、晒青、蒸青等绿茶，品质以中、低档为主。大宗绿茶设置一至六级，品质由高到低。

炒青茶按照干茶形状不同，又分为长炒青、圆炒青和扁炒青。

长炒青的产地最广、产量最大，主要产地在浙江、安徽、江西三省，其次是湖南、湖北、江苏、河南、贵州等省份。其中的中高档茶条索紧结、色泽绿润、香气高、滋味醇，茶色黄绿清澈、明亮。

圆炒青的外形似圆珠状，高档茶色泽墨绿油润，香高味浓，有“绿色珍珠”的美誉。珠茶为浙江省的特产，主要产自嵊州市、绍兴、上虞等地。

扁炒青外形呈扁平状，色泽黄绿微褐，油润有光，香浓郁，味鲜爽，饮后回味甘甜。扁炒青分布较广的省份是安徽、浙江、江苏、江西等。

烘青茶产地分布广，主要有“浙烘青”“闽烘青”“徽烘青”“苏烘青”，烘青茶大多呈条形状且条索紧直，色泽深绿，香气清纯。

晒青在中南地区、西南地区和陕西地区都有生产，其中云南晒青最好。主要品类有“陕青”“川青”“桂青”“滇青”等。晒青毛茶有的以紧压散茶形式出售，有的作为紧压茶的原料。晒青条索紧结，香气低闷。

蒸青绿茶是我国最早发明的一种茶类，具有“色绿、汤绿、叶绿”的三绿特点，美观诱人。蒸青绿茶是日本绿茶的大宗产品。蒸青绿茶的香气似苔菜香，色泽深绿，滋味略涩。

2. 白茶

属轻微发酵茶，是我国茶类中的特殊珍品，主产于福建省的福鼎、政和、建阳等地，常选用芽叶上白茸毛多的品种，如福鼎大白茶。又因采用原料不同，分芽茶与叶茶两类。芽茶的典型是白毫银针，叶茶包括白牡丹、贡眉、寿眉等品目。

3. 黄茶

即轻发酵茶，特点为黄汤黄叶。黄茶依原料芽叶的嫩度可分为黄芽茶、黄小茶和黄大茶。黄芽茶的原料细嫩，采摘单芽或一芽一叶加工而成，主要包括湖南洞庭湖的君山银针，四川雅安的蒙顶黄芽和安徽霍山的霍山黄芽。

4. 青茶

又称乌龙茶，为半发酵茶，它是我国几大茶类中，最具鲜明特点的茶叶品类。乌龙综合了绿茶和红茶的制法，品质介于二者之间，既有红茶的浓鲜味，又有绿茶的清香味，有着“绿叶镶红边”的美称。乌龙茶主产于我国福建、广东、台湾三省。因品质品种上的差异，分为闽北乌龙、闽南乌龙、广东乌龙和台湾乌龙四类。

闽北乌龙产于福建省武夷山一带，统称为武夷岩茶。岩茶的品种很多，多以茶树品种名称命名，主要品种有水仙 、肉桂以及由大红袍、铁罗汉、白鸡冠、水金龟组合的四大名枞。

闽南乌龙以福建安溪的铁观音为代表，这种茶条索卷曲重实，呈蝇头状，味鲜浓具有兰花香，同时有美如观音重如铁的形象。除观音外，还有黄金桂、佛手、奇兰、毛蟹、本山等。

广东乌龙茶以广东潮州地区所产的凤凰单枞和凤凰水仙最为出色，茶叶外形紧结挺直，色泽金褐油润，花香清高，滋味醇厚带蜜味，茶汤金黄清澈。

台湾乌龙茶即为我国台湾地区所产的乌龙，根据其萎凋做青程度不同，可分为台湾乌龙和台湾包种两种。台湾乌龙以产于南投县鹿谷乡的冻顶乌龙为代表；台湾包种主产于台北县文山一带的文山、七星山、坪林等地，其中以文山包种的品质最好。

5. 红茶

即发酵茶，基本特点是红汤红叶，香气鲜，滋味浓。根据工艺，又分为功夫红茶、红碎茶、小种红茶。

功夫红茶分为云南的滇红、安徽的祁红、湖北的宜红、江西的宁红、福建的闽红、广东的粤红等。红碎茶是因为茶叶外形细碎而得名，质量以云南、广东、广西、海南出产的的原料所制作的茶叶最好。小种红茶是福建省特有的一种红茶，分正山小种、坦洋小种和政和小种。以产于福建崇安县星村乡桐木关一带的正山小种的品质最佳。

6. 黑茶

属后发酵茶，由于叶色油黑或黑褐，所以称为黑茶。黑茶因产区和工艺上的差别，有湖南黑茶、湖北老茶青、四川边茶和滇桂黑茶之分。而其中云南黑茶是用滇青毛茶经潮水卧堆发酵后干燥而成的，统称其为普洱茶。黑茶是我国特有的边销茶，生产历史悠久，花色品种丰富，年产量仅次于绿茶和红茶，是我国第三大茶类。

我国不仅是世界上茶的原产地，还是最早发现和饮用茶的国家。在我国悠久的产茶历史中，出现了大量的名优茶，我们从中挑出部分做个简介。

①西湖龙井：浙江省著名绿茶品种，产于杭州西湖周围的群山之中，历史悠久，居中国名茶之冠，素以“色绿、香郁、味醇、形美”四绝享誉国内外。历史上还按产地将龙井茶分为狮峰、龙井、云栖、虎跑、梅家坞五个品类，其品质各具风格，以狮峰龙井最佳。

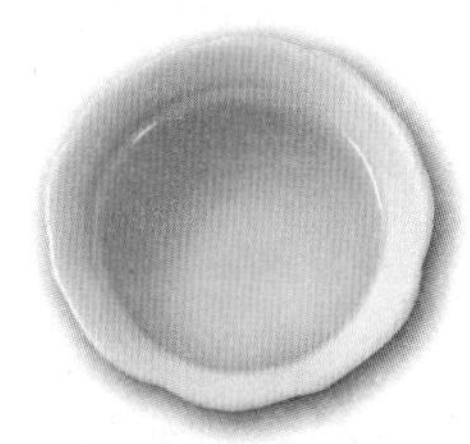

西湖龙井茶汤色

②洞庭碧螺春：江苏省著名绿茶品种，产于苏州市太湖洞庭山，以“形美、色艳、香浓、味醇”四绝闻名中外。碧螺春的由来据《清嘉录》记载，传说洞庭东山有个碧螺峰，石壁上生出几株野茶，当地百姓每年都把它采来饮用。有一年，茶树长的特别茂盛，人们争相采摘，竹筐装不下，只好放在怀里，茶叶受到怀中热气熏蒸，奇异香气突发，采茶人惊呼“吓煞人香”（苏州市吴中区方言），此茶由此得名。有一次，清朝康熙皇帝巡游到此，巡抚宋荦进献“吓煞人香”茶，康熙品尝后觉得香味俱佳，但名称不雅，遂题名“碧螺春”。

碧螺春茶

③庐山云雾：为历史名茶，产于江西省庐山一带，据《庐山志》记载，这里早在汉代就有茶叶生产。自晋至唐，庐山茶叶基本上都是由寺院僧人或其他山居者种植、采制。到宋代，庐山茶已远近闻名，并列入贡茶。在明《庐山志》中，庐山云雾茶的名称已见诸书中，

可见庐山云雾茶成名至少有350年以上的历史。由于生长环境的理想以及茶树品种的优良，庐山云雾有“香馨、味厚、色翠、汤清”四绝的称号。

④黄山毛峰：产于安徽省太平县以南、歙县以北的黄山。黄山是我国景色奇绝的自然风景区，那里常年云雾弥漫、气候温和、雨量充沛、土壤肥沃，有适宜茶树生长发育的优越条件。据《徽州府志》记载：“黄山产茶始于宋之嘉佑，兴于明之隆庆。”可知，黄山茶历史悠久，在明朝中叶就很有名气了。到清代光绪年间，谢裕泰茶庄创制了黄山毛峰。1875年后，为迎合市场需求，每年清明时节，茶庄组织人手在黄山汤口、充川等地登高山名园，采肥嫩芽尖，精细炒焙，标明“黄山毛峰”。

⑤蒙顶茶：又称蒙顶甘露茶，产于四川名山。蒙顶茶主要生长在名山县蒙山之顶，故名“蒙顶茶”。蒙山种茶历史悠久，据有关史料记载，早在西汉时一位名叫吴理真的农民“携灵茗之种，植于五峰之中，高不盈尺，不生不灭，迥异寻常”“其叶细长，网脉对分，味甘而清，色黄而碧”，故名“仙茶”。唐代元和年间，蒙顶五峰被辟为“皇茶园”，列为贡茶，奉献皇室享用。

蒙顶茶

⑥君山银针：是我国著名黄茶之一，也是传统十大名茶之一。君山银针茶，始于唐代，清代纳入贡茶，产于湖南省洞庭湖中的君山岛上，属于针形茶，有“金镶玉”之称。君山茶旧时曾经用过黄翎毛、白毛尖等名，后来，因为它的茶芽挺直，布满白毫，形似银针而得名“君山银针”。

⑦大红袍：是中国名茶中的奇葩，有“茶中状元”之称，更是武夷岩茶中的王者，堪称国宝。大红袍生长在武夷山九龙窠高岩峭壁上，这里特殊的自然环境，造就了大红袍的特异品质，最突出之

处是香气馥郁有兰花香，香高而持久，“岩韵”明显。大红袍茶的采制技术与其他岩茶相类似，只不过更加精细而已。关于“大红袍”的来历，还有一段动人的传说，传说天心寺和尚用九龙窠岩壁上的茶树芽叶制成的茶叶治好了一位皇官的疾病，这位皇官将身上穿的红袍盖在茶树上以表感谢之情，红袍将茶树染红了，“大红袍”茶名由此而来。

武夷山大红袍

⑧铁观音：是福建闽南乌龙茶的代表，属青茶类，半发酵茶叶。主产于福建省安溪县，有着悠久历史，素有茶王之称。铁观音茶一年可分春茶、夏茶、暑茶、秋茶，四季采摘，制茶品质以春茶、秋茶为最佳。品质优良的铁观音条索肥壮紧结，外表紧实卷曲，呈蜻蜓头、蝌蚪尾的形态，色泽深绿，汤色橙黄，带浓郁的兰花香，芙蓉沙绿明显，甜花香高，具有独特的“观音韵”，口感回味香甜浓郁，清香久驻，叶底黄绿镶红边。

铁观音茶

⑨祁门红茶：为我国著名的功夫红茶，常简称为“祁红”，主产在安徽祁门县。祁红为我国传统的出口茶，在国际市场上被称之为“高档红茶”，高档祁红外形条索紧细苗秀，色泽乌润，冲泡后茶汤红浓，香气清新芬芳馥郁持久，有明显的甜香，有时带有玫瑰花香。祁红的这种特有的香味，被国外不少消费者称之为“祁门香”。

⑩普洱茶：是云南久负盛名的历史名茶，亦称滇青茶。普洱为云南省一地名，历史上曾设有普洱府，此地原不产茶，只是茶叶运销集散地，故此而得名。实际普洱茶生产区应该是位于西双版纳和思茅所辖的澜沧江沿岸各县。顺便提一点，在 2007 年 1 月 21 日，经国务院批准：云南省思茅市更名为云南省普洱市。

第二节 茶叶的加工

我国是世界上生产茶类最多的国家，早在明末清初就已形成了六大茶类。各种茶类的品质特征的形成，除了受到茶树品种和鲜叶原料的影响之外，茶叶的加工也是起决定因素的。我国的六大茶类生产技术，被国外学者称之为“中国传统农业生产技术瑰宝”，现按照茶叶大类，将各类茶叶的加工简介如下。

茶叶室外日光萎凋

1. 绿茶的加工

绿茶为不发酵茶，是我国最早出现的茶类，也是产量最大的茶类。绿茶按制法可分为炒青、烘青、蒸青、晒青四类，其中以炒青最多。现以炒青茶为例，从鲜叶到成品，加工工序有：采摘、摊放（又叫摊青、晾青）、杀青、揉捻、理条、整形、提毫、干燥（炒干、烘干）。

杀青是加工绿茶尤其是名优绿茶中最重要的工序。杀青的目的是：利用锅温和水蒸气的温度，钝化酶的活性，抑制多酚类物质的酶促氧化和叶绿素的转化，同时芳香物质发生变化，促使了低沸点的青草气基本挥发散失，而高沸点的香气大部分保留下来，另外又产生了一些芳香成分，形成茶叶特有的香气。

揉捻是炒青绿茶塑造条状外形的一道工序，且对提高成茶滋味浓度也有重要作用。由于茶叶的有效成分主要存在于细胞之中，如果利用外界的力量，使细胞适度破碎，内含有效成分外溢，那么，就比较易于冲泡饮用。

整形是因为各茗茶有不同的外形要求，比如扁平形、针形、螺形、珠形、片形等，整形的目的就在于运用不同的手法，在相应的锅温条件下，于恰到好处的外力作用下，加工成所需要的外形。

干燥的目的是继续蒸发水分，使成品茶含水量达到标准，便于保存，增进和提高香气。干燥有炒干和烘干之分。

2. 白茶的加工

白茶属轻微发酵茶，茶叶制作无须炒揉，只有萎凋、干燥两道工序，但不易掌握。根据场所萎凋分为室内萎凋和室外萎凋两种，

茶叶室内自然萎调

其精制工艺是在剔除梗、片、蜡叶、红张、暗张之后，以文火烘焙至足干。白茶制法的特点是既不破坏酶的活性，又不促进氧化作用，且保持毫香显现，汤味鲜爽。萎凋是红茶初制的第一道工序，也是形成红茶品质的基础，是指鲜叶经过一段时间失水，使一定硬脆的梗叶呈萎蔫状况的过程。萎凋既有物理作用的失水，也有内含物质的化学变化的过程，便于形成红茶色香味的特定品质。

揉捻是形成红茶品质的一道重要工序，是指将萎凋叶在一定压力下进行旋转运动，使茶叶组织细胞破损，溢出茶汁，紧卷条索的过程。萎凋的目的有三：其一是破坏叶组织细胞，使茶汁揉出，便于在酶的作用下进行必要的氧化作用；其二，

普洱茶茶叶筛选工序

工人在加工普洱茶

茶汁溢出，增进色香味浓度；其三，使茶叶紧卷成条，外形美观。

发酵俗称“发汗”，是指将揉捻叶呈一定厚度摊放于特定的发酵盘中，茶胚中化学成分在有氧的情况下变色的过程。发酵的目的在于使芽叶中的多酚类物质，在酶促作用下产生氧化聚合作用，其他化学成分亦相应发生变化，使绿色的茶胚产生红变，从而形成红茶的色香味的品质。

干燥是将发酵好的茶胚，采用高温烘焙，迅速蒸发水分达到保质干度的过程，目的有三：其一，利用高温迅速地钝化各种酶的活性，停止发酵，使发酵形成的品质固定下来；其二，蒸发茶叶中的水分，保

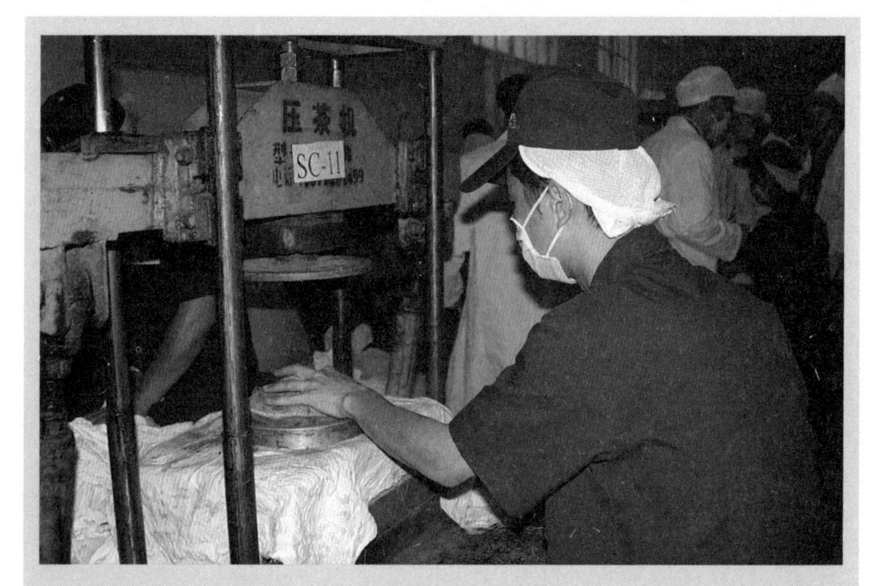

普洱茶压茶工序

持干度，防止霉变；其三，散发大部分低沸点的青草气味，激化并保留高沸点的芳香物质，获得红茶特有的甜香。

3. 黄茶的加工

黄茶属轻发酵茶，基本品质近似绿茶，但在制作过程中加以闷黄，因此有黄汤黄叶的特点。黄茶浓醇鲜爽滋味主要是闷堆过程中多酚类物质和氨基酸协调变化所致。黄茶类加工流程是：杀青、闷黄、干燥。杀青和干燥在其他茶叶的制作中也有，作用也大致相似，而闷黄是黄茶类制茶工艺的特点，是形成黄色黄汤品质特点的关键工序。

4. 青茶的加工

青茶又称乌龙茶，属半发酵茶。乌龙茶的制作，与红茶、绿茶不同，要复杂得多，基本工艺是萎凋、摇青、炒青、揉捻、干燥。其中萎凋包括晾青、晒青、烘青几个步骤。

晾青为室内萎凋的一种方式，是将鲜叶均匀地摊放在�上静置，然后酌情翻动 2~3 次，使萎凋均匀。

晒青是乌龙茶工艺的一个特点，是日光萎凋的一种方式。它利用光能热量使鲜叶适度失去水分，促进酶的活化，这对形成乌龙茶的香气和去除青味有着良好的作用。

烘青是在日光萎凋无法进行的情况下，用加温来弥补的一种方式，作用同上。

摇青是做青的关键，即将晒青后的鲜叶放在摇青器中摇动，以便叶片互相碰撞，擦伤叶缘细胞。叶缘细胞的破坏，改变了其供氧条件，而发生轻度氧化，叶片呈现红边。叶片中央部分叶色由暗绿转淡绿再转黄绿，即达到“绿叶镶红边”的效果。

炒青是乌龙茶承上启下的一道转折工序，由于茶叶的内质在做青阶段已基本形成，因此炒青的主要目的就是抑制鲜叶中酶的活性，控制多酚类的氧化进程，防止叶子继续变红。其次是使低沸点的青草气物质挥发和转化，形成馥郁的茶香。同时通过湿热作用破坏部分叶绿素，使叶片黄绿而亮。另外，还可挥发一部分的水分，使梗叶柔软，便于揉捻。

揉捻是将炒青后的叶子反复搓揉使叶片由片状而卷成条

普洱茶包装工序

索，形成乌龙茶所需要的外形。同时在揉捻中破碎叶细胞，挤出茶汁，使冲泡时易溶于水，以增浓茶汤。

干燥即是通常所说的烘焙。烘焙是为了抑制酶性氧化，蒸发水分和软化叶子，并起到热化作用，促使滋味醇厚。一般乌龙茶经过初焙和几次复焙，方可完工。

5. 红茶的加工

红茶属于发酵茶，种类有功夫红茶、小种红茶和红碎茶，制法都大同小异。现就它的基本工艺萎凋、揉捻、发酵、干燥做简要介绍。

6. 黑茶的加工

黑茶属后发酵茶，它的基本工艺为杀青、初揉、渥堆、复揉、干燥五道工序。其中，渥堆是黑茶制造中特有的工序，也是形成黑茶品质的关键性工序。值得提出的是，云南黑茶就是用滇青毛茶经渥堆发酵后干燥而成的，统称为普洱茶。现就渥堆这一工序做详细介绍。

渥堆的基本条件是渥堆场所无日光直射，室温保持在25℃以上，相对湿度在85%左右，而且要求操作精细。在渥堆进行中，要根据堆温的变化，适时翻动，加少量清水或温水，以免烧坏茶胚。在渥堆过程中，为了保温，还要将茶堆适当筑紧，但又不能太紧，以防堆内缺氧，影响渥堆质量。

目前茶学界关于渥堆的理论有三种说法，即酶促作用、微生物作用和湿热作用。但一般认为在渥堆中起主要作用的是湿热作用，同时也不否认微生物作用和酶的作用。湿热作用的主要影响方面是茶胚水分，如含水过低，堆温进程缓慢，化学变化不充分；过高，茶胚容易渥烂。鲜叶经过高温杀青，酶的活性已经破坏，但在湿热的作用下，茶多酚的非酶性氧化仍在进行，所以茶多酚逐渐减少，尤以渥堆过程减少最多。经过渥堆，茶胚的色、香、味都有变化，这是内含物质化学变化的结果。

第三节 茶叶的鉴别

我国的茶树品种资源丰富，有着悠久的制茶史，并形成了丰富多彩的茶叶品类。各茶类中又有多种多样的茶色品种，每种茶都有不同的级别，划分为若干等级以定优劣。不同的等级有着不同的价格，因此，我们有必要熟悉各种茶叶的特点和等级标准，学会鉴别茶叶。

高品质武夷岩茶

专业人士鉴评茶叶是利用相关的仪器，依靠科学的方法，对茶叶的物理性状和主要化学成分进行综合审评。作为一般消费者，还有更简便实用的办法，那就是感官鉴定。

感官鉴定是借助视觉、嗅觉、味觉和触觉，以此确定茶叶的品质。最基本的步骤是，看茶叶外形体态、闻嗅茶叶香气、观察汤色、品尝滋味、辨别叶底的匀嫩度。

一、茶叶外形的鉴别

看茶叶外形，有干看和湿看两方面。干看(即冲泡前鉴别)就是看干茶的条索或颗粒和色泽。茶叶外形往往与内质密切相关，而且可以从外形推知内质优劣。外形主要是从嫩度、条索、色泽、净度以及干香这五个指标进行体察和目测。

茶叶鉴别

1. 嫩度

茶叶的老嫩度是决定品质的最基本条件，嫩度鉴别即是通过芽尖和白毫的多少来判断叶质的老嫩程度。良质茶叶的芽尖和白毫多，做出的茶叶条索紧实，色泽蹭黑，身首重实；次质茶叶没有芽尖和白毫，或存在较少，茶叶外形粗糙，叶质老，身首轻。

2. 条索

从条索上看，名优绿茶、红茶、花茶的条索紧细、圆直或弯直光滑；名优乌龙茶的条索肥壮；球形或半球形的乌龙，以颗粒形圆而紧实，越圆越紧越细越重就越好。总之，外形呈条索状的茶叶，以条索紧细、圆直成弯直光滑，质重均齐者为优质。外形圆形状的茶叶，以越圆越紧越细光滑为优良。外形扁平的茶叶，以平扁挺直光滑为上品。而外形看上去粗糙、松散、结块、热曲、短碎者均为次质。

3. 色泽

色泽鉴别主要是看干茶的色度和光泽度，色泽状况如何，也能反映出茶叶原料的鲜嫩程度和做工的好坏。良质绿茶，以茶芽多有翠绿色，油润光亮的为上品；红茶，花茶以深褐色或青黑色、油润光亮的为上品；乌龙茶以红、青、白三色明显的为上品；紧压茶以色泽幽黑者为优。而次质茶叶，无论是何品种的茶叶，都会出现色泽深浅不一，枯干、花杂、细碎，灰暗而无光泽等情况。

4. 净度

茶叶的净度主要是通过茶叶中的茶梗、籽、扒、片、末的含量和非茶类杂质的有无来鉴别的。良质茶叶洁净，无茶梗，无非茶类杂质；而次质茶叶中含有少量的茶梗或茶籽、碎末等。

茶叶去杂工艺

5. 干香

闻嗅茶叶香气，通常就是用手抓一把茶叶，放在鼻端，深吸茶叶香气，判断茶香的高与低、纯与浊、正与异。具体是把一撮茶叶放在手掌中，用嘴哈气，使茶叶受微热而发出香味，仔细嗅闻即可。另将少许茶叶置口中慢慢咬嚼，细品其滋味。良质茶叶具有本品种特有的正常茶香气，如是花茶还应具有所添加鲜花的香气，香气鲜灵、馥郁、清雅，用嘴咬嚼此茶，可觉察出微苦，甘香浓烈，余香清爽回荡。好茶的滋味鲜爽，并具有较强的收敛性。次质茶叶的香气淡薄或无香气，滋味苦涩。而劣质茶叶则发出青草味、烟焦味、霉味或其他异常气味，口感苦涩不堪。

湿看（即冲泡后鉴别）则包括了对茶叶冲泡成茶汤后的气味、汤色、滋味、叶底等四项内容的鉴别。即闻一闻茶汤的香气是否醇厚浓郁、观察其色度、亮度和清浊度，品尝其味道是否醇香甘甜、叶底的色泽、薄厚与软硬程度等。

二、茶叶品质优与劣的鉴别

1. 气味鉴别

虽然干闻也能辨别茶叶的香气，但终不及湿闻时明显。湿闻茶叶的香气是取一杯冲泡好的茶水，不要把杯盖完全掀开，只须稍稍掀开一道缝隙并把它靠近鼻子，嗅闻后仍旧盖好放回原位。杯内茶水温度不同，香气也就不一样。优质茶叶应具有本品种茶叶的正常香气，这种香气要清爽、醇厚、浓郁、持久，并且新鲜纯正，没有其他异味；次质茶叶香气淡薄，持续时间短，无新茶的

普洱茶茶汤

新鲜气味；而劣质茶叶则具有烟焦、发馊、霉变等异常气味。

武夷岩茶汤色

2. 汤色鉴别

主要是看茶汤的色度、亮度、清浊度。但应注意这项鉴别应在茶汤沏泡好后立即进行，否则待茶汤冷却后不但汤色不好，色泽较深，而且还会出现“冷混浊”。优质茶叶的茶汤色丽艳浓、澄清透亮，无混杂，说明茶叶鲜嫩，加工充分，水中浸出物多，质量好。例如：红茶汤应红浓明亮，绿茶汤应碧绿清澈，乌龙茶汤应为橙黄色鲜亮，花茶汤应为蜜黄色明亮。次质茶叶的茶汤亮度差，色淡，略有混浊。而

劣质茶叶如陈茶和霉变茶的茶汤，无光泽，色暗淡，混浊。

3. 滋味鉴别

为方便消费者的选购，现列举市场上常见的几个代表品种说明如下：优质绿茶——先感稍涩，而后转甘，鲜爽醇厚；次质绿茶——味淡薄、苦涩或略有焦味。优质红茶——以醇厚甘甜为优，喉间回味见长；次质红茶——味淡、苦涩、无回味或回味短。优质乌龙——味具有红、绿茶相结合的甘甜醇厚感觉，回味优美而持久；次质乌龙茶——味平淡，涩口，回味短。优质花茶——滋味清爽甘甜，鲜花香气明显；次质花茶——味淡薄，回味短。

4. 叶底匀嫩度鉴别

主要从鉴别叶底的软硬、薄厚和老嫩程度着手。茶叶叶底的色泽和软硬，可以反映出鲜叶原料的老嫩，叶底的色泽还与汤色有密切的关系，叶底色泽鲜亮与浑暗，往往和汤色的明亮与混浊是一致的。茶叶叶底柔软者说明所用原料鲜叶比较细嫩，粗老的鲜叶制成的茶，其叶底也比较粗硬。良质绿茶以翠绿而明亮的细嫩鲜叶为佳，在叶底背面有白色毫毛；次质绿茶则较粗老，灰黄，破碎。若绿茶杀青不及时或不彻底，还会出现红叶或红梗。良质红茶以红艳明亮为上品；次质红茶则粗老，色泽花青。良质乌龙茶其叶底应是绿叶镶红边，即叶脉和叶缘部分为红色，其余部分为绿色。因此以叶边带红而明亮者为上品。次质乌龙茶叶底色暗发乌。

概括而言，茶叶质量的感官鉴别分为两个阶段，即按照先“干看”后“湿看”的顺序进行。“干看”包括了茶叶的形态、嫩度、色泽、净度、香气滋味等五方面。不同种类的茶叶外形各异，但一般都是以细密、紧固、光滑、质量等程度作为衡量标准，这是共性，接着观察茶叶的油润程度，芽尖和白毫的多寡，茶梗、籽、片、末的含量，并由此来判断茶叶的色泽，嫩度和净度，最后通过鼻嗅和口嚼来评价茶香是否浓郁，有无苦、涩、霉、焦等异味。“湿看”归纳以上所有各项识别结果来综合评价茶叶的质量。

以上是关于茶叶的优与劣的鉴别，接着，我们将讲述茶叶的新与陈、真与假以及春夏秋茶是如何通过感官来鉴别的。

三、鉴别新茶与陈茶

①新茶：其特点是色泽清脆碧绿，滋味醇厚鲜爽。茶汤清亮，饮用后令人心情舒畅，有愉快感。新茶的含水量较低，茶质干硬而脆，手指捏之能成粉末，茶梗易折断。

②陈茶：这里指的是存放一年以上的陈茶。其特点是色泽枯暗无光，香气低沉，滋味晦涩，无爽口新鲜感。茶汤黄褐不清，饮用时，有淡而不爽的陈旧味感。陈茶储放日久，含水量较高，茶质湿软，手捏不能成粉末，茶梗也不易折断。

四、鉴别真茶与假茶

假茶多是以类似茶叶外形的树叶等制成的。目前发现假茶中大多是用金银花叶、蒿叶、嫩柳叶、榆叶等冒充的，有的全部是假茶，也有的在真茶中掺入部分假茶。茶叶的真假，一般都可以通过对下述几个基本特征的检查和比较，顺利地进行鉴别。

（1）外 形鉴别。将泡后的茶叶平摊在盘子上，用肉眼或放大镜观察。

真茶有明显的网状脉，支脉与支脉间彼此相互联系，呈鱼背状而不呈放射状。有三分之二的地方向上弯曲，连上一支叶脉，形成波浪形，叶内隆起。真茶叶边缘有明显的锯齿，接近于叶柄处逐渐平滑而无锯齿。

假茶叶脉不明显或过于明显，一般为羽状脉，叶脉呈放射状至叶片边缘，叶肉平滑。叶侧边缘有的有锯，锯齿一般粗大锐利或细小平钝，也有的无锯齿，叶缘平滑。

（2）色泽鉴别。真红茶色泽呈乌黑或黑褐色而油润，假红茶墨黑无光、无油润，真绿茶色泽碧绿或深绿而油润，假绿茶一般色泽都过绿或异常。

（3）香味鉴别。真茶含有茶索和芳香油，闻时有清鲜的茶香，刚沏茶汤，茶叶显露、饮之爽口。假茶无茶香气，有一股青草味或有其他杂味。

五、鉴别春、夏、秋绿茶

由于茶叶是季节性很强的农产品之一，古人有“春茶为贵”的说法，当然这里指的是绿茶。绿茶按照采制季节，可分为春、夏、秋茶，一般说，5月底以前采摘制成的茶为春茶，品质最佳。这期间，温度适中，雨量充沛，加上茶树经头年冬季的休养生息，叶内营养物质丰富，茶叶汁水多，氨基酸、芳香类物质和维生素C含量较高。因此，茶叶滋味鲜爽，香气浓烈。春茶从外观看，鲜叶芽头长而壮实，叶肉厚，新梢上下叶形大小相近，制成的干茶外形条索紧结匀齐，芽毫肥

云南紫鹃茶茶园

长，身骨重实，茶梗肥壮带扁；干茶色泽绿润，茶汤嫩绿或绿中呈黄，明亮澄清，叶底柔软，叶脉平滑，老嫩较均匀，茶汤呈黄绿色，嗅之香气四溢。

夏茶，茶树经过春茶大量采摘以后，原来积累的养分大部分消耗，加上夏茶生长期间日照较强，气温较高，雨水较多，芽叶生长较快，鲜叶内有效成分积累较少，纤维素含量增加，表现出芽头短小，叶肉薄，干茶身骨轻，其色泽青绿带暗，芽毫短瘦。冲泡后，因身骨较轻之故，部分茶叶上浮且分层较为严重，汤色较浅且稍暗、香气较淡、叶底老嫩不匀、有弹性、欠柔软，叶脉较粗，总体上品质低于春茶。

秋茶指7月中旬以后采摘制成的茶叶，这期间，茶叶营养物质显著减少，干茶一般外形条索细瘦，身骨轻飘，色泽青绿欠润，茶汁浓度降低，滋味淡带苦涩，经冲泡后茶叶易上浮，品质明显低于春夏茶。

总而言之，绿茶的春茶品质最佳，夏茶次之，秋茶最差。而且同一季节，随着时令的不同，茶叶品质也有很大差别。明前茶好于雨前茶，雨前茶好于春尾茶。

六、茶叶的储存

由于茶叶具有吸湿性、陈化性、吸味性等特点，所以茶叶储存的环境及容器就很重要，必须清洁，不能有异味。否则茶叶吸收异味后，品质会下降。

所谓吸湿性，是因为茶叶存在着很多亲水性的成分，如糖类、多酚类、蛋白质、果胶质等。同时茶叶又是多孔性的组织结构，这就决定了茶叶具有很强的吸湿性。陈化性是由于酚类物质发生变化，其中有的成分由水溶性氧化为不溶性的化合物质，因而造成汤色显浑暗，滋味变平淡，芳香物质因氧化失去其芳香性，而使茶叶的香气减弱，脂类成分经水解，产生游离脂肪酸，再经氧化并水解，会形成一种“陈味”。这些变化绿茶表现更为明显。

茶叶吸收异味的性能，是由于茶叶中含有棕榈酸、稀萜类等物质及其组织结构的多孔性所造成的。

生产或销售部门因为茶叶数量比较大，所以采用的是低温、低湿、封闭式的冷库贮藏，其保鲜效果好且经济。而家庭用茶的保存，力求做到防潮与无异味即可。在以前无冰箱或冰箱不普及的情况下，一般都采用石灰块保藏法，即利用石灰块的吸湿性，使茶叶充分保持干燥。或热水瓶贮茶法，即利用瓶胆中间真空和内层瓶壁镀有反射系数极高的镀层，保持茶叶的干燥。还有人用塑料袋存放茶叶，这样使用和携带方便。

以上方法都有利有弊，要想维持或延长茶叶的保质期，我们推荐的是低温保存方法。实验结果表明，温度每升高 10℃，茶叶的褐变速度要增加 3~5 倍。在零下 10℃ 以下，可以抑制褐变；在零下 20℃ 以下贮存几乎能完全防止变质。目前，我国城乡居民中冰箱冰柜比较普及，凡有冷藏条件的，最好采用冷藏方法储存茶叶，因为当茶叶处于 0℃ ~5℃之间而且无光照不通气的环境下，能降低茶叶中各种成分的氧化速度，使茶叶变质缓慢或推迟，保持茶叶滋味的稳定。

制作好的普洱茶饼

第三章

茶艺优雅

“自汲香泉带落花，漫烧石鼎试新茶。”这是南宋戴昺《尝茶》诗的两句，写出了品茶的闲适逸致，优游自得。而要有这份优雅，离不开炉火纯青的茶艺。

泡茶用水有讲究

第一节 古代茶艺类型

虽然对于茶艺的界定，人们至今仍然有不同的看法，有所谓的广义和狭义之分。其实，茶艺是品茗艺术的简称，就是泡茶和饮茶的技术与艺术。也就是说，茶艺就是专指烹茶、品茶，即备器、选水、取火、候汤、习茶的一套技艺，重点在“艺”。至于茶树的生长、培植，茶叶的制作等，属专门的茶学领域，是自然科学家的研究方向。

茶树

根据现有文献可知，茶艺萌芽于晋代，形成于唐代，成熟于宋代，发展于明清，发达于当代。对于茶艺的类型，目前起码有不下于10种，诸如：以茶事功能来分，以茶叶种类来分，以饮茶器具来分，以冲泡方式来分，以社会阶层来分，以饮茶人群来分，以民族来分，以民俗来分，以地域来分，以时期来分（详见余悦所著《中国茶韵》190~194页）。

在漫长的中国饮茶史上，茶叶制作的革新带动着茶叶品饮方式的变化。从茶文化定型的唐代到茶文化普及的明清时期，由于制茶工艺的不断改进，茶艺的程式有所不同，技艺的侧重点也不一样。大致形成了三类茶艺，即唐代煮茶茶艺、宋代点茶茶艺、明至今的泡茶茶艺。

一、煎茶茶艺——唐时期

唐代是我国茶文化的定型时期，唐时的茶事已然成为一门艺术、一项技能，开始追求茶叶的形、色、香、味；泡茶用水的清、洁、轻、甘、洌，还有活火，以及品饮环境的美等。

煎茶茶艺有备器、选水、取火、候汤、习茶五大环节。

1. 备器

《茶经》“四之器”章列茶器二十四事，即风炉，筥，炭挝，火夹，釜，交床，纸囊，碾、拂末，罗合，则，水方，漉水囊，瓢，竹荚，鹾簋、揭，熟盂，碗，畚，扎，涤方，渣方，巾，具列，都篮。

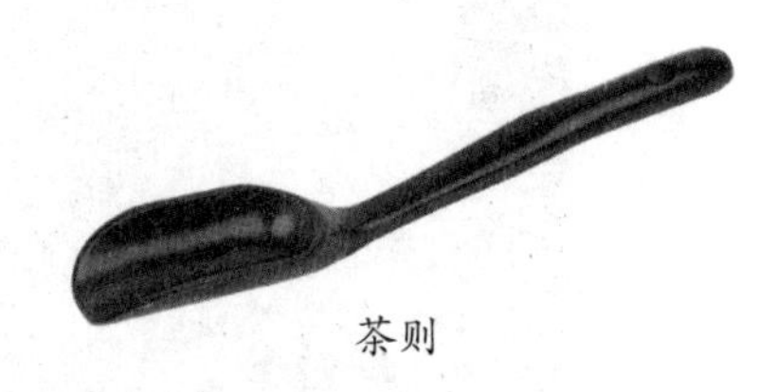

茶则

2. 选水

《茶经》“五之煮”云：“其水，用山水上，江水中，井水下。”“其山水，拣乳泉、石池漫流者上。”“其江水，取去人远者。井，取汲多者。”讲究水品，是中国茶道的特点。

3. 取火

《茶经》“五之煮”云：“其火，用炭，次用劲薪。其炭曾经燔炙为膻腻所及，及膏木、败器不用之。”温庭筠撰于公元860年前后的《采茶录》“辨”条载：“‘茶须缓火炙，活火煎’。活火谓炭之有焰者，当使汤无妄沸，庶可养茶。”

4. 候汤

《茶经》“五之煮”云：“其沸，如鱼目，微有声为一沸，缘边如涌泉连珠为二沸，腾波鼓浪为三沸，已上水老不可食。”候汤是煎茶的关键。

5. 习茶

习茶包括藏茶、炙茶、碾茶、罗茶、煎茶、酌茶、品茶等。

二、点茶茶艺——宋时期

点茶茶艺包括备器、选水、取火、候汤、习茶五大环节。

1. 备器

《茶录》《茶论》《茶谱》等书对点茶用器都有记录。宋元之际的审安老人作《茶具图赞》，对点茶道主要的十二件茶器列出名、字、号，并附图说明。归纳起来点茶道的主要茶器有：茶炉、汤瓶、砧椎、茶铃、茶碾、茶磨、茶罗、茶匙、茶筅、茶盏等。

赏茶盘

2. 选水

宋代选水继承唐人观点，以山水上、江水中、井水下。但《大观茶论》“水”篇却认为“水以清轻甘洁为美，轻甘乃水之自然，独为难得。古人品水，虽日中泠、惠山为上，然人相去之远近，似不常得，但当取山泉之清洁者。其次，则井水之常汲者为可用。若江河之水，则鱼鳖之腥、泥泞之汗，虽轻甘无取。”宋徽宗主张水以清轻甘活好，以山水、井水为用，反对用江河水。

3. 取火

宋代取火基本同于唐人。

4. 候汤

蔡襄《茶录》“候汤”条载：“候汤最难，未熟则沫浮，过熟则茶沉。前世谓之蟹眼者，过熟汤也。沉瓶中煮之不可辨，故曰候汤最难。”蔡襄认为蟹眼汤已是过熟，且煮水用汤瓶，气泡难辨，故候汤最难。赵佶《大观茶论》“水”条记载：“凡用汤以鱼目蟹眼连绎进跃为度，过老则以少新水投之，就火顷刻而后用。”赵佶认为水烧至鱼目蟹眼连绎进跃为度。由此可见蔡襄认为蟹眼已过熟，而赵佶认为鱼目蟹眼连绎进跃为度。汤的老嫩视茶而论，茶嫩则以蔡说为是，茶老则以赵说为是。

5. 习茶

点茶道习茶程序主要有：藏茶、洗茶、炙茶、碾茶、磨茶、罗茶、盏、点茶（调膏、击拂）、品茶等。

三、泡茶茶艺——明清时期

泡茶茶艺包括备器、选水、取火、候汤、习茶五大环节。

1. 备器

泡茶道茶艺的主要器具有茶炉、汤壶（茶铫）、茶壶、茶盏（杯）等。

茶叶罐

2. 选水

明清茶人对水的讲究，比唐宋有过之而无不及。明代，田艺衡撰《煮泉小品》，徐献忠撰《水品》，专书论水。

明清茶书中，也多有择水、贮水、品泉、养水的内容。

3. 取火

张源《茶录》“火候”条载：“烹茶要旨，火候为先。炉火通红，茶瓢始上。扇起要轻疾，待有声稍稍重疾，新文武之候也。”

4. 候汤

《茶录》“汤辨”条载：“汤有三大辨十五辨。一曰形辨，二日声辨，三日气辨。形为内辨，声为外辨，气为捷辨。如虾眼、蟹眼、鱼眼、连珠皆为萌汤，直至涌沸如腾波鼓浪，水气全消，方是纯熟；如初声、转声、振声、骤声，皆为萌汤，直至无声，方是纯熟；如气浮一缕、二缕、三四缕，及缕乱不分，氤氲乱绕，皆是萌汤，直至气直冲贵，方是纯熟。”又“汤用老嫩”条称：“今时制茶，不假罗磨，全具元体，此汤须纯熟，元神始发。”

5. 习茶

（1）壶泡法。据《茶录》《茶疏》《茶解》等书，壶泡法的一般程序有藏茶、洗茶、浴壶、泡茶（投茶、注汤）、涤盏、酾茶、品茶。

（2）撮泡法。陈师撰于16世纪末的《茶考》记：“杭俗烹茶用细茗置茶瓯，以沸汤点之，名为撮泡。”撮泡法简便，主要有涤盏、投茶、注汤、品茶。

（3）工夫茶。工夫茶形成于清代，流行于广东、福建和台湾地区，是用小茶壶泡青茶（乌龙茶），主要程序有浴壶、投茶、出浴、淋壶、烫杯、酾茶、品茶等，又进一步发展为孟臣沐霖、马龙入宫、悬壶高中、春风拂面、重洗仙颜、若琛出浴、游山玩水、关公巡城、韩信点兵、鉴赏三色、喜闻幽香、品啜甘露、领悟神韵。

茶山

第二节 工夫茶艺特征

虽然从中国饮茶史上看茶艺有三大类型，但流传至今的只有形成于明朝中期的泡茶茶艺，而中国的煎茶茶艺亡于南宋中期，点茶茶艺也在明朝后期消失。清以后，从壶泡法茶艺又分化出专属冲泡青茶的工夫茶艺，直至今天，这种方式仍然盛行。而且由于工夫茶泡法所需掌握的要素最多，茶趣和茶品的流露也较为直接，所以成了当代品饮方法中最能体现茶艺高低的一种。

工夫茶艺表演

据《清朝野史大观·清代述异·卷十二》载："中国讲求烹茶，以闽之汀、漳、泉三府，粤之潮州府工夫茶为最。"这种格局其实在今天依然保存着。在当代茶艺概念中，中国工夫茶茶艺按照地区民俗可分为武夷山、闽南、台湾和潮汕等四大流派，由这四大流派而形成了武夷工夫茶艺、安溪工夫茶茶艺、潮州工夫茶艺。

一、安溪铁观音茶茶艺

福建安溪是我国乌龙茶的最主要产区，素有"中国乌龙茶都"之称。早在清代，安溪的乌龙茶就已十分讲究品饮，近年来，随着我国茶文化的复兴，这种冲泡品饮方法已风靡全国。

铁观音茶泡茶程式有16道，即茶具展示、烹煮泉水、沐霖瓯杯、观音入宫、悬壶高冲、春风拂面、瓯里酝香、三龙护鼎、行云流水、观音出海、点水流香、敬奉香茗、鉴赏汤色、细闻幽香、品啜甘霖。

①茶具展示：茶匙、茶斗、茶夹、茶通是竹器工艺制成的。茶匙、茶斗是装茶用，茶夹是央杯洗杯用的。

②烹煮泉水：沏茶择水最为关键，水质不好，会直接影响茶的色、香、味，只有好水茶味才美。冲泡安溪铁观音，烹煮的水温需达到100℃，这样最能体现铁观音独特的香韵。

③沐霖瓯杯：也称"热壶烫杯"。先洗盖瓯，再洗茶杯，这不但能保持瓯杯有一定的温度，又讲究卫生，起到消毒作用。

④观音入宫：右手拿起茶斗把茶叶装入，左手拿起茶匙把名茶铁观音装入瓯杯，美其名曰："观音入宫"。

⑤悬壶高冲：提起水壶对准瓯杯，先低后高冲入，使茶叶随着水流旋转而充分舒展。

春风拂面

⑥春风拂面：左手提起瓯盖，轻轻地在瓯面上绕一圈，把浮在瓯面上的泡沫刮起，然后右手提起壶把瓯盖冲净，这叫“春风拂面”。

⑦瓯里酝香：茶叶下瓯冲泡，须等待一至两分钟，这样才能充分地释放出独特的香和韵，冲泡时间太短，色香味显示不出来，太久会“熟汤失味”。

⑧三龙护鼎：斟茶时，用右手的拇指、中指夹住瓯杯的边沿，食指按在瓯盖的顶端，提起盖瓯，把茶水倒出，三个指称为三条龙，盖瓯称为鼎，这叫“三龙护鼎”。

三龙护鼎

⑨行云流水：提起盖瓯沿托盘上边绕一圈，把瓯底的水刮掉，这样可防止瓯外的水滴入杯中。

⑩观音出海：民间称它为“关公巡城”，就是把茶水依次巡回均匀地斟入各茶杯里，斟茶时应低行。

⑪点水流香：在民间称为“韩信点兵”，就是斟茶到最后瓯底最浓部分，要均匀地一点一点滴注到各茶杯里，达到浓淡均匀，香醇一致。

⑫敬奉香茗：茶艺小姐双手端起茶盘，彬彬有礼地向各位嘉宾、朋友敬奉香茗。

⑬鉴赏汤色：品饮铁观音，首先要观其色，就是观赏茶汤的颜色，名优铁观音汤色清澈、金黄、明亮，让人赏心悦目。

细闻幽香

⑭细闻幽香：这就是闻其香，闻闻铁观音的香气、那天然馥郁的兰香、桂花香，清香四溢，让人心旷神怡。

⑮品啜甘霖：这叫品其味，品啜铁观音的韵味，有一种特殊的感受，呷上一口含在嘴里，慢慢送入喉中，顿时会觉得满口生津，齿颊留香，六根开窍清风生，飘飘欲仙最怡人。

乌龙入宫

二、武夷茶艺程式

武夷茶艺程式有20道，武夷岩茶茶艺即焚香静气、叶嘉酬宾、活煮山泉、孟臣沐霖、乌龙入宫、悬壶高冲、春风拂面、重洗仙颜、若琛出浴、玉液回壶、关公巡城、韩信点兵、三龙护鼎、鉴赏三色、喜闻幽香、初品奇茗、再斟兰芷、领略岩韵、游龙戏水、尽杯谢茶。具体表现为：

①焚香静气：焚点檀香，造就幽静、平和的气氛。

②叶嘉酬宾：出示武夷岩茶让客人观赏。“叶嘉”即宋苏东坡用拟人笔法称呼武夷茶，意为茶叶嘉美。

③活煮山泉：泡茶用山溪泉火为上，用活火煮到初沸为宜。

④孟臣沐霖：即烫洗茶壶。孟臣是明代紫砂壶制作家，后人把名茶壶喻为孟臣。

⑤乌龙入宫：把乌龙茶放入紫砂壶内。

⑥悬壶高冲：把盛开水的长嘴壶提高冲水，高冲可使茶叶翻动。

⑦春风拂面：用壶盖轻轻刮去表面白泡沫，使茶叶清新洁净。

⑧重洗仙颜：用开水浇淋茶壶，既洗净壶外表，又提高壶温。“重洗仙颜”为武夷山一石刻。

⑨若琛出浴：即烫洗茶杯。若琛为清初人，以善制茶杯而出名，后人把名贵茶杯喻为若琛。

⑩玉液回壶：即把已泡出的茶水倒出，又转倒入壶，使

韩信点兵

茶水更为均匀。

⑪关公巡城：依次来回往各杯斟茶水。

⑫韩信点兵：壶中茶水剩下少许时，则往各杯点斟茶水。

⑬三龙护鼎：即用拇指、食指扶杯，中指顶杯，此法既稳当又雅观。

⑭鉴赏三色：认真观看茶水在杯里的上中下的三种颜色。

⑮喜闻幽香：即嗅闻岩茶的香味。

⑯初品奇茗：观色、闻香后开始品茶。

⑰再斟兰芷：即斟第二道茶，“兰芷”泛指岩茶。宋范仲淹诗有“斗茶香兮薄兰芷”之句。

⑱领略岩韵：即慢慢地领悟岩茶的韵味。

⑲游龙戏水：选一条索紧致的干茶放入杯中，斟满茶水，恍若乌龙在戏水。

⑳尽杯谢茶：起身喝尽杯中之茶，以谢山人栽制佳茗的恩典。

尽杯谢茶

三、潮州工夫茶茶艺

潮州工夫茶主要盛行于粤港地区，但其影响早已遍及全国，远及海外。潮州工夫茶是三大流派中最古色古香的，堪称中国茶艺的“活化石”。传统的潮州工夫茶必须“四宝”齐备：其一是“玉书碨”，这是广东人、闽南人、台湾人对陶制水壶的叫法；其二是潮汕炉，一般为红泥烧制的小火炉；其三是孟臣罐，惠孟臣是清代制壶名匠，善制小壶，所以后人把精美的紫砂小壶称为孟臣壶；四是若琛杯，即精细的白色瓷杯，以景德镇的产品为佳。

潮汕工夫茶茶艺基本程式有10道，即列器备茶、煮水候汤、烫壶温盅、烫杯洗杯、干壶置茶、烘茶冲点、刮顶淋眉、摇壶低斟、品香审韵、涤器撤器。

①列器备茶：列器即有序地将整套茶具陈列到茶桌上，整套的工夫茶茶具除了“四宝”之外，还应当有一个倾倒洗壶、洗杯余水的茶池，一个承放茶杯的杯盘，一个承放茶壶的壶盘和一个储备茶汤的茶盅及几条茶巾。备茶即指选择待客用茶。泡工夫茶必须选用乌龙茶。如果想要喝出地地道道的潮州风情，最好选用潮州产的“凤凰单枞”或潮州市饶平县产的“岭头单枞”。

列器备茶

②煮水候汤：列器备茶后，泡茶者宜静气凝神端坐。右边大腿上放一块包壶用巾，左边大腿上放一块擦杯白巾，然后点火煮水候汤。

烫壶温盅

③烫壶温盅：将开水冲入空茶壶(孟臣罐)中，待其表面水分蒸发后，再把茶壶中的水注入茶盅(公道杯)内。茶盅里的热水不要马上倒掉，应留着温盅洗杯。

④烫杯洗杯：即用茶盅里的热水当着客人的面把茶杯再洗一次，以示尊敬。

⑤干壶置茶：泡潮州工夫茶用干温润法，即将茶放进干热的茶壶中烘温。干壶时先持壶把，口朝下在右腿的茶巾上拍打，水尽后再放松手腕轻轻甩壶到壶干为止，潮式置茶是以手抓茶放进茶壶，

靠手的感觉来判断茶的干燥程度，以定烘茶的时间长短。置茶多少应视客人而定，一般要置到壶的七八分满。

⑥烘茶冲点：烘茶不是用火烤茶，而是用沸水浇淋茶壶，靠水温来烘茶。烘茶能使茶的陈味、霉味散尽，香气上扬且有新鲜感。烘茶后把茶壶提起，用力摇动，使壶内的茶均匀升温，然后放进壶盘中冲入开水。高冲水是潮州工夫茶的要诀之一，通过高冲水使茶叶在壶内旋转，有利于滋味迅速溢出。

⑦刮顶淋眉：高冲水时必然会冲起一层白色的泡沫，用壶盖轻轻刮去泡沫称之为“刮顶”，刮顶后盖好壶盖，再向壶上浇淋开水称之为“淋眉”。淋眉是进一步加温，这样能充分逼出茶香。

⑧摇壶低斟：淋眉后把壶置于桌面的茶巾上，按住气孔，快速左右摇晃；第一泡一般摇4~6下，以后各泡顺序递减1~2下，意在使每一泡的茶汤浸出物均等。斟茶的潮州人称为“洒茶”，潮州式工夫茶讲究将茶水低斟到各个小茶杯中去。倒茶时壶中的茶汤一定要倒干净，防止浸坏了茶。亦可从孟臣罐中先将茶水倒人“公道杯”，然后再向小茶杯中“洒茶”。

品香审韵

⑨品香审韵：将泡好的茶敬奉给客人后即可品香审韵。品潮州茶须先端起茶杯闻香，所谓：“未尝甘露味，先闻圣妙香。”品字三个口，一般品茶也分成三口。潮州泡法允许茶汤入口时苦，但却绝不可涩。上等的茶汤入口一碰舌尖，当会感觉到有一股茶气往喉头扩散开来，过喉后感觉到爽快异常，后韵连绵不绝，回甘强烈而明显，潮州人称这种好茶为“有肉”的茶，因此在潮州，

品茶也称为“吃茶”。老茶客“吃茶”一般口中“嗒！嗒！”有声，并连声赞好，以示谢意。潮州人泡茶不鼓励泡完一壶茶立刻再泡第二壶，说是不可“重水”；一般在品了头道茶后可上一些有特色的点心，同时重新煮水，边吃点心边等水开后再泡第二泡。

⑩涤器撤器：潮州式泡茶以三泡为止，其要求是三泡水的茶汤浓淡必须一致。所以主泡人在整个泡茶过程中注意力应高度集中，绝不可分神。品完三泡茶后，客人町尽杯谢茶，主人亦可涤器撤器了。

总体而言，工夫茶茶艺要讲究韵律美感，每一个环节，每一个动作，都要娴熟自然。在冲泡过程中不必刻意，或过分拘泥程式，动作太仪式化反而失去怡情养性之趣。我们追求的茶艺精神理念是尊重茶与人、人与自然之间的和谐关系，主张人际和谐。

茶园

第三节 家常型茶艺

茶有健身、解渴、疗疾之效，在日常生活中被普遍应用；茶又富欣赏情趣，还可陶冶情操，因此茶事也是一种生活的享受和一门生活的艺术。茶被誉为“国饮”，是因为它可以以一种非常生活化的角色融进每个家庭中，既是一种物质享受，也是丰富生活情趣的方式之一。

家常茶具

一般而言，茶艺包括烹茶、品茶，即备器、选水、取火、候汤、习茶等一系列内容，但在家庭中，在操作过程中可根据实际情况来安排茶艺程式，或增加或删减，不必拘泥于固定的形式。家常生活型茶艺是由一名主泡人与几位客人围桌而坐，一同赏茶、鉴水、闻香、品茗。在场的每一个人都是茶事活动的直接参与者，每一个人都能充分领略到茶的色、香、味、韵，以达到交流情感、切磋茶艺的目的。我们将以绿茶中的名茶西湖龙井为例。

普洱茶生茶茶汤

绿茶在六大茶类中属不发酵茶，在色、香、味上，讲求嫩绿明亮、清香醇爽。又因绿茶品种最丰富，每种茶，由于形状、紧结程度和鲜叶老嫩程度不同，冲泡的水温、时间和方法都有差异，所以绿茶的冲泡，即使是看似简单的家常型，其实也是极考工夫的，需经多次实践。

主人以伸掌礼请客人入座后，首先是备器，玻璃杯由于无盖且透明，比较适合于冲泡名优细嫩的绿茶，以便观察到茶在水中缓缓舒展、游动、变幻，然后介绍并观赏茶叶。龙井茶产于杭州西湖龙井村四周的山区，其色泽翠绿，香气浓郁，甘醇爽口，形如雀舌，是中国十大名茶之一。观形鉴色是将茶叶放置到茶荷内以鉴干茶的色、香、形等，具体步骤如下。

①清泉初沸：水初沸后，停止加温，待水温回落，以最佳温度冲泡西湖龙井。高档绿茶，特别是各种芽叶细嫩的名绿茶，以80℃左右为宜。茶叶愈嫩绿，水温愈低。水温过高，易烫熟茶叶，茶汤变黄，滋味较苦；水温过低，则香味低淡。

②回旋烫杯：用茶壶里的热水采用回旋斟水法浸润茶杯，提高茶杯的温度，烫杯的目的是以利茶叶色香味的发挥。用左手托住杯底，右手拿杯，从左到右由杯底至杯口逐渐回旋一周，然后将杯中的水倒出。

③龙入晶宫：冲泡西湖龙井采用下投法。先放茶叶后冲入沸水，此称为“下投法”；沸水冲入杯中约三分之一容量后再放入茶叶，浸泡一定时间后再冲满水，称“中投法”；在杯中先冲满沸水后再放茶叶，称为“上投法”。

紫砂茶具套装

用茶匙把茶荷中的茶拨入茶杯中,茶叶用量,并没有统一标准,视茶具大小、茶叶种类和各人喜好而定。一般而言,茶与水的比例约为1:50。

④温润心扉：将水旋转倒入杯中，约占容量的三分之一到四分之一，促使茶芽舒展。

⑤旋香沁碧　右手执杯，左手托底，轻轻摇杯，使茶与水在杯中旋转。

⑥鉴香别韵：此时茶叶徐徐下沉，干茶吸收水分，叶片展开，汤面水汽夹着茶香缕缕上升，西湖龙井特有的栗子香气已隐隐飘出。

⑦有凤来仪：用“凤凰三点头”的方法,即用手腕的力量,使水壶下倾上提反复三 次，连绵的水流使茶叶在杯中上下翻动，促使茶汤均匀，同时也蕴含着三鞠躬的礼仪，似吉祥的凤凰前来行礼。

⑧敬奉香茶：双手奉茶到客人面前，并伸右手，表示“请用茶”。

⑨一品鲜爽：西湖龙井汤鲜绿、味鲜醇、香鲜爽，令人赏心悦目。在细细品啜中，体会甘醇润喉，齿颊留香，回味无穷的感觉。

⑩再冲芳华：第一泡茶汤尚余三分之一，则可续水。此乃二泡。第二泡茶汤浓郁鲜醇，别具特色,让人体会“龙井四绝”的妙处，饮后舌本回甘，齿颊生香，余味无穷。

⑪敬献茶点：饮至三泡，则一般茶味已淡。此时，敬献微甜的精美茶点。

家常型茶艺以实用为佳，茶事的过程应给人亲切、自然感。茶是用来喝的，是开门七件事之一，是追求一种美好生活的享受和乐趣。

第四节 营业性茶艺

自 20 世纪 80 年代末兴起茶文化热以来，全国各地出现了很多茶馆、茶坊、茶艺馆等，这些现代茶馆，不仅环境浪漫舒适、古朴典雅，而且讲究茶叶、茶具、茶水等艺茶程式。

茶叶冲泡技艺表演

现代茶馆是以展现茶艺、宣传茶艺为主要目的的场所，所以茶艺表演者必须具有一定的泡茶技艺。

茶艺分类应依据主泡饮茶具来分类。在泡茶茶艺中，又因使用泡茶茶具的不同而分为壶泡法和杯泡法两大类。壶泡法是在茶壶中泡茶，然后分斟到茶杯（盏）中饮用；杯泡法是直接在茶杯（盏）中泡茶并饮用，杯泡法茶艺又可细分为盖杯泡法茶艺和玻璃杯泡法茶艺。工夫茶艺原特指冲泡青茶的茶艺，当代茶人又借鉴工夫茶具和泡法来冲泡非青茶类的茶，故另称之为工夫法茶艺，以与功夫茶艺相区别。

这样，泡茶茶艺可分为工夫茶艺、壶泡茶艺、盖杯泡茶艺、玻璃杯泡茶艺、工夫法茶艺五类。下面我们从基本程式说起。

一、备器

选择泡茶的器具，一要看人数，二要看茶叶。优质茶具冲泡上等名茶，两者相得益彰，使人在品茗中得到美好的享受。如：名优绿茶应选用无花、无色的透明玻璃杯，既适合于冲泡绿茶所需的温度又能欣赏到绿茶汤色及芽叶变化的过程；青茶则选用质朴典雅的紫砂壶；花茶则选用能够保温留香的盖碗，茶具的选择也与茶叶品质有关。泡饮用器要洁净完整，选择时应注意色彩的搭配，质地的选择，且整套茶具要和谐。

茶具的摆放要布局合理，

盖碗

实用、美观，注重层次感，有线条的变化。摆放茶具的过程要有序，左右要平衡，尽量不要有遮挡。如果有遮挡，则要按由低到高的顺序摆放，将低矮的茶具放在客人视线的最前方。为了表达对客人的尊重，壶嘴不能对着客人，而茶具上的图案要正对着客人，摆放整齐。

茶具主要包括一下几种。

①茶船：放茶壶的垫底茶具。既可增加美观，又可防止茶壶烫伤桌面。

②公道杯：亦称茶盅、茶海，用于均匀茶汤浓度。

③闻香杯：茶汤倒入品茗杯后，闻嗅留在杯里的香气的器具。

④杯托：茶杯的垫底器具。

⑤茶杯：盛放泡好的茶汤并饮用的器具。

另外还有一些辅助用品，是泡茶、饮茶所需的各种器具，以增加美感，方便操作。

①茶盘：摆置茶具，用以泡茶的基座。用竹、木、金属、陶瓷、石等制成，有规则形、自然形、排水形等多种。

②茶巾：用以擦洗、抹拭茶具的棉织物；或用作抹干泡茶、分茶时溅出的水滴；托垫壶底；吸干壶底、杯底之残水。

③奉茶盘：以之盛放茶杯、茶碗、茶具、茶食等，恭敬端送给品茶者，显得洁净而高雅。

④茶匙：从贮茶器中取干茶的工具，或在饮用添加茶叶时作搅拌用，常与茶荷搭配使用。

⑤茶荷：古时称茶则，是控制置茶量的器皿，用竹、木、陶、瓷、锡等制成。同时可作观看干茶样和置茶分样用。

⑥茶针：由壶嘴伸入壶中防止茶叶阻塞，使出水流畅的工具，以竹、木制成。

⑦茶箸：泡头一道茶时，刮去壶口泡沫之具，形同筷子，也用于夹出茶渣，在配合泡茶时亦可用于搅拌茶汤。

⑧渣匙：从泡茶器具中取出茶渣的用具，常与茶针相连，即一端为茶针，另一端为渣匙，用竹、木制成。

⑨箸匙筒：插放箸、匙、茶针等的有底筒状物。

⑩茶拂：用以刷除茶荷上所沾茶末之具。

⑪计时器：用以计算泡茶时间的工具，有定时钟和电子秒表，可以计秒的为佳。

⑫茶食盘：置放茶食的用具，用瓷、竹、金属等制成。

⑬茶叉：取食茶食用具，金属、竹、木制。

冲泡技艺

二、习茶

对于冲泡艺术而言，非常重要的一点是讲究理趣并存的程序，讲究形神兼备。茶的冲泡程序可分为：备茶、赏茶、置茶、冲泡、奉茶、品茶、续水、收具。

1. 备茶

以茶待客要选用好茶。所谓好茶，应注意两个方面，一方面是指茶叶的品质，应选上等的好茶待客。运用茶艺师所掌握的茶叶审评知识，通过人的视觉、嗅觉、味觉和触觉来审评茶的外形、色泽、香气、滋味、汤色和叶底，判断、选择品质最优的茶叶奉献给客人。另一方面，择茶者要根据客人的喜好来选择茶叶的品种，同时，也应根据客人的口味的浓淡来调整茶汤的浓度，或者根据客人情况的不同有选择的推荐茶叶。如：女士可选择有减肥、美容功能的乌龙茶；男士可推荐降血脂效果显著的普洱茶等。同时，为了迎合四季的变化，增加饮茶的情趣，也可根据季节选择茶叶，如：春季饮花茶，万物复苏，花茶香气浓郁充满春天的气息。夏天饮绿茶，消暑止渴，同时，绿茶以新为贵，也应及早饮用。秋季饮乌龙茶，乌龙茶不寒不温，介于红茶与绿茶之间，香气迷人，又助消化；冲泡过程充满情趣，而且耐泡，在丰收的季节里，适于家庭团圆时饮用。冬季饮红茶，红茶味甘性温，能驱赶寒气，增加营养、暖胃。同时，红茶可调饮，充满浪漫气息。茶艺师择茶后，还要将茶叶的产地、品质特色、名茶文化及冲泡要点对客人进行介绍，以便客人更好地赏茶、品茶，在得到物质享受的同时也能得到精神的熏陶。

2. 置茶

不同的茶叶种类，因其外

形、质地、比重、品质及成分浸出率的异同，而应有不同的投茶法。对身骨重实、条索紧结、芽叶细嫩、香味成分高，并对茶汤的香气和茶汤色泽均有要求的各类名茶，可采用“上投”法；条形松展、比重轻、不易沉入茶汤中的茶叶，宜用“下投”或“中投”法沏茶。对于不同的季节，则可以用“秋季中投，夏季上投，冬季下投”的方法参考应用。

3. 润茶

沏泡前最好“润茶”。一是为提高茶叶的温度，使其接近沏茶的水温，而提高茶汤的质量；二是为了有利于鉴赏茶叶之香气及鉴别茶叶品质之优劣。润茶的方法是将茶壶或茶杯温热并放入茶叶后，即用温度适宜的沏茶水，以逆时针旋转方式将水注入壶或杯中，须注意茶叶湿透后即要停注，随即将盖盖上，将壶杯中的茶水立即倒掉，这时壶杯中的茶叶已吸收了热量与水分，使原来的“干茶”变成了含苞待放的“湿茶”，品茶者就可欣赏茶叶的“汤前香”了，此就是沏茶方法中的“温润泡”法。温润泡法较适宜于沏焙火稍重的茶或陈茶、老茶，如对焙火轻、香气重的茶叶，则沏泡时动作要快，以保持茶叶香气的鉴赏。

4. 冲泡

在泡茶过程中，身体保持良好的姿态，头要正、肩要平，动作过程中眼神与动作要和谐自然，在泡茶过程中要沉肩、垂肘、提腕，要用手腕的起伏带动手的动作，切忌肘部高高抬起。冲泡过程中左右手要尽量交替进行，不可总用一只手去完成所有动作，左右手尽量不要有交叉动作。冲泡时要掌握高冲低斟原则，即冲水时可悬壶高冲、或根据泡茶的需要采用各种手法，但如果是将茶汤倒出，就一定要压低泡茶器，使茶汤尽量减少在空气中的时间，以保持茶汤的温度和香气。

在冲泡的具体过程中，还有些细节需掌握。

（1）水温。水温的选择因茶而异，茶越细嫩水温越低，茶越粗老水温越高。但在冲泡乌龙茶时，每一泡都对水温有要求。沏茶的水温高低是影响茶叶水溶性内含物浸出和香气挥发的重要因素。水温过低，茶叶的滋味成分——香味就不易充分溢出；水温过高，特别是闷泡，则易造成茶汤的汤色和茶叶变暗黄，且香气低。但用水沸过久的水沏茶，则茶汤的新鲜风味也要受损。故沏茶究竟用水温多少，要因茶而异。

（2）掌握沏茶的“茶水比”。沏茶时，茶与水的比例称为茶水比。不同的茶水比，沏出的茶汤香气高低、滋味浓淡各异。茶水比过小（沏茶的用水量多），茶叶在水中的浸出物绝对量则大，由于用水量大，茶汤就味淡香低；茶水比过大（沏茶的用水量少），因用水量少，茶汤则过浓，而滋味苦涩，同时又不能充分利用茶叶浸出物的有效成分。故沏茶的茶水比应适当。

（3）掌握沏茶浸泡的时间。当茶水比和水温一定时，溶入茶汤的滋味成分则随着时间的延长而增加。因此沏茶的冲泡时间和茶汤的色泽、滋味的浓淡爽涩密切相关。另外，茶汤冲泡时间过久，茶叶中的茶多酚、芳香物质等会自动氧化，降低茶汤的色、香、味；茶中的维生素 C、氨基酸等也会因氧化而减少，而降低茶汤的营养价值。而且茶汤搁置时间过久，还易受环境的污染。如茶叶的浸泡时间过长，则茶叶中的碳水化合物与蛋白质易滋生细菌而引起霉变，对人体健康造成危害。故泡茶要掌握沏泡的时间。

5. 奉茶

茶艺师完成以上程序后，便是奉茶了。常用奉茶的方法是在客人左边用左手端茶奉上，或从客人正面双手奉上，用手势表示请用。斟茶时应注意不宜太满。俗话说：“茶倒七分满，留下三分是情分。”

营业性茶艺要求茶艺师边泡边讲解，客人也可以随意发问、插话，所以要求茶艺师要有较强的语言表达能力、与客人沟通的能力以及应变能力，同时，还必须具备丰富的茶文化知识。

第五节 表演性茶艺

表演性茶艺，艺术的成分较多，具有较强的观赏性。茶艺表演者通过泡茶、喝茶过程与器皿、环境融合，加上适当的音乐、服饰，创造出一种朴素而典雅的意境，使表演者与观赏者产生一种心灵的默契，同时得到高雅的精神享受。

表演性茶艺

当然，表演性茶艺不单纯是艺术，更是生活的艺术。它不仅要求过程美，更注重于结果美。从过程美中人们可以获得美感乐趣，而从结果美中人们可以获得美味乐趣，双重乐趣构成了茶艺。一切美学因素去表现、展示、渲染、突出茶的色、香、味、形之美才是根本，切不可主次不分。因此表演性茶艺应突出表现以下特点。

（1）神清气爽。中国茶道认为“茶道即人道”。茶道美首先是人的美。中国茶艺“以艺示道”，在茶艺中首先要表现的正是茶人的形体美、仪态美、神韵美和心灵美，其中最突出的是表现茶人神清气朗的神韵美。这就要求吃茶人在茶事活动中坐有坐相，站有站相，走有走相。如坐姿要端正，腰身颈部都要挺直，经脉肌肉要放松，目光要祥和，表情要自信，举止要从容，待人要谦和。

（2）审美为重。中国茶艺之美表现在自由豁达，毫不造作，注重内省，不拘一格。所以，中国茶艺虽然有规范要求，但不僵化，而是充满着生活气息、生命的活力。

红茶冲泡表演

（3）照应和谐。“照应”是反映事物之间的相互依存关系，具有协调、统一、和谐的特点。通过“照应”，可以把分散的美的各个要素，有机地整合为一个美体。例如：背景音乐，解说词与表演动作的“照应”；茶艺编排的前后“照应”等。“照应”应用得当，有利于形成多姿多彩但又不显得紊乱的整体美。

（4）反复美妙。从审美角度看，反复的整体性强，给人整齐一律的美感。反复不是简单的重复，反复的巧妙应用可以深化主题，给人层层递进的美感。

（5）节奏适宜。在茶艺表演中背景音乐、讲解、动作都应当富有节奏感。在节奏的基础上赋予一定的情调色彩便形成韵律。韵律更能给人情趣，更能打动人心，满足人的精神享受。中国茶艺特别注重韵律，认为“韵者，美之极”，并通过“气韵生动”来充分展示茶道的内在美和茶艺的艺术美。

（6）简素有度。中国茶艺特别强调简素美。“简”在中国茶艺中表现为不摆设多余的陈设，不佩戴多余的饰品，不做多余的动作，不讲多余的话。“素”表现为不浓妆艳抹，而是清丽脱俗，朴素儒雅，淡然无极。

（7）协调对比。调和与对比是反映事物矛盾的两种状态。调和是求同，对比是存异。调和使人在变化中感到协调一致，对比使人感到醒目活跃、心情激动。在茶艺表演中调和与对比的应用不仅限于色彩，而且还表现于声音、质地、形象等多方面。调和与对比都是中国茶艺美学表现形式中不可缺少的技巧。

（8）清雅幽玄。清雅幽玄是茶艺追求的意境美。我国茶人在人格上追求清高，在气质上追求清逸，这就决定了他们在茶艺中注定追求以“清”和“幽”为特点的美学表现形式。

（9）多样统一。多样统一是中国茶道形式美的高级法则，同时也是茶艺美的综合表现。在多样统一中应注意两个关系。一是“主从关系”，二是“生发关系”。“主从关系”是指在茶艺表现出的众多美的因素应当像一棵树一样，树根、树干、树叶是从同一根生长来的，有美的必然的内在联系。

总结起来，茶艺表演时在背景音乐、图案装饰、程序编排、茶艺动作、文字解说等方面都要编排合理，这样方可增进茶艺的整体美感和节奏感。

虽然对于茶艺表演人们有不同的看法，但作为生活艺术的茶艺，最重要的功能是融入人们的日常生活，但是，客观地看，表演性茶艺在推动茶文化普及、促进茶叶销售、活跃茶文化活动方面，都已经在发挥着重要作用。表演性茶艺，如已故茶艺表演艺术家袁勤迹的《龙井问茶》《九曲红梅》等，都有所创新，值得学习和借鉴。由江西创作和表演的《文士茶》《擂茶》和《禅茶》，堪称经典，受到海内外人士的欢迎。

第四章

茶俗淳朴

“寒夜客来茶当酒，竹炉汤沸火初红。”宋代杜耒的这两句诗，生动形象地写出了“客来敬茶”的茶俗。

所谓茶俗，一般指的是民间饮茶习俗，具体是指一些地区性的用茶风俗。它是民族传统文化的积淀，也是人们心态的折射，它以茶事活动为中心贯穿于人们的生活中，诸如婚丧嫁娶中的用茶风俗、待客用茶风俗、饮茶习俗等。并且在传统的基础上不断演变，成为人们文化生活的一部分。

美若仙境的云南普洱茶乡

第一节 中国茶俗分类

中国地域辽阔，民族众多，共有56个兄弟民族，正所谓“千里不同风，百里不同俗”。在悠久的历史中，由于所处地理环境和历史文化的不同，以及生活风俗的各异，使各个民族的饮茶风俗也各不相同，形成了丰富多彩的饮茶习俗。不仅不同的民族有不同的饮茶习俗，就是同一民族也因居住在不同的省份或地区而有不同的饮茶习俗。如四川的“盖碗茶”，江西修水的“菊花茶”、婺源的“农家茶”，广东人“一盅两件”的早茶，北京人的“大碗茶”，浙江杭嘉湖地区和江苏太湖流域的“薰豆茶”，云南白族的“三道茶”、拉祜族的“烤茶”等。

春绿茶

茶俗是中华茶文化的构成方面，它最能深刻地反映不同民族的文化心理，具有一定的历史价值和文化意义。中国茶俗是一个庞杂的体系，概而言之：从茶俗的历史踪迹来看，有先秦两汉茶俗、魏晋南北朝茶俗、隋唐五代茶俗、宋元茶俗、明清茶俗、现当代茶俗。从生产生活流程来看，有培育种植茶俗、采摘加工茶俗、销售贸易茶俗、品赏饮用茶俗。从文化内涵来看，有神灵礼佛茶俗、宗教茶俗、人生礼仪茶俗、节庆时令茶俗、丧葬茶俗。从不同阶层来看，有帝王豪门茶俗、文人雅士茶俗、民间礼仪茶俗、草莽人员茶俗。从不同地区来看，有南北地域茶俗、城镇乡村茶俗、民族区域茶俗，以及港澳台地区茶俗，等等。

在我国汉族民间传说中，茶是被炎帝神农尝百草时发现的。神农氏是中药的最早发明者，“神农氏，辨药性，以赞天地造化工”。传说中记载神农尝百草，每天中毒几十次，就用茶来解毒。所以在远古时期，人们取的是茶叶的药用价值，即茶叶是因为对人体的解毒治病的作用才引起百姓关注的。在远古时期，人们是通过咀嚼茶叶来汲取茶汁的。

人们一般都认为茶叶是由药用到饮用，由饮用再派生出一系列的茶文化现象的。在两晋时期，茶叶还被当作祭品。我国祭祀活动中有祭天、祭地、祭祖、祭神、祭仙、祭佛等，把茶叶用作丧事的祭品，只是祭礼的一种。以茶为祭礼的正式记载，出现在《南齐书》中。《武帝本纪》载，永明十一年(439年)七月诏：“我灵上慎勿以牲为祭，唯设饼、茶饮、干饭、酒脯而已，天下贵贱，咸同此制。”齐武帝是南朝比较节俭的少数统治者之一，他提倡以茶为祭，把民间的礼俗，吸收到统治阶级的丧礼中，并鼓励和推广了这种制度。以茶为祭品大约是从这时开始的。古代用茶作祭，一般有这样三种形式：在茶碗、茶盏中注以茶水；不煮泡只放以干茶；不放茶，久置茶壶、茶盅作象征。

我国许多兄弟民族，也有以茶为祭品的习惯。如布依人的祭土地活动，每月初一、十五，由全寨各家轮流到庙中点灯敬茶，祈求土地神保护全寨人畜平安。祭品很简单，主要是茶。再如云南丽江的纳西族，无论男女老少，在死前快断气时，人们都要往死者嘴里放些银末、茶叶和米粒，他们认为只有这样死者才能到“神地”。

从古到今，我国许多地方也有在婚礼中用茶，即在缔婚的每一个过程中，都以茶来做礼仪。古代婚礼、行聘多用茶，谓之茶礼，亦名“受茶”。为什么要用茶？陈耀文《天中记》卷四十四“种茶”有解：“凡种茶树必下子，移植则不复生，故俗聘妇必以茶为礼，义固有所取也。”原因大概是由于茶性不二移，开花时籽尚在，称为母子见面，表示忠贞不移。

相传唐太宗贞观十五年(641 年) 文成公主入藏时，按汉民族的礼节带去了茶，因为唐时，饮茶之风甚盛，社会上风俗贵茶，所以茶叶就成为婚姻不可少的礼品。宋时，茶叶由原来女子结婚的嫁妆礼品演变为男子向女子求婚的聘礼。至元明时，“茶礼”几乎为婚姻的代名词。女子受聘茶礼称“吃茶”。姑娘受人家茶礼便是合乎道德的婚姻。清朝仍保留茶礼的观念。在清人福格《听雨丛谈》中载有：“念婚礼行聘，以茶为币，满汉之俗皆然，且非正（室）不用。”从中可见茶礼在当时是很普遍而且也是很严肃的礼仪。还有一些人娶妻入门，有时不用茶，但定亲的聘礼却叫作“下茶”，表示定亲以后不可移易。所以有“好女不吃两家茶”之说。

另外，在我国茶文化传统中，还有“茶话会”这种集会形式。茶话会是在古代的茶宴、茶会的基础上演变而来的。通常是指一种备有茶点的社交性活动，这种形式简单质朴而且机动灵活，逐渐成了时兴的社交集会形式。近期，这种传统得到光大，大到商议国家大事，庆祝全国性的重大节日，小到开展文化学术交流、良辰喜庆等，一般都采用茶话会的形式，特别是新春佳节，许多团体、单位总喜欢用茶话会的形式，“清茶一杯，辞旧迎新”。

在我国源远流长的历史长河中，不同时代、不同民族、不同的社会环境和自然环境，都呈现出多姿多彩的茶俗，既包含着中国的哲学、社会学、文学，又包含着中国的政治、经济、社会、人生等。

第二节 少数民族茶俗

我国是个多民族国家，由于各民族所处的地理环境不同，历史文化有别，生活风俗各异，因此饮茶也各有千秋，方法多种多样，下面我们选择其中有代表性的茶俗做些简介。

傣族土司贡茶茶艺表演

1. 云南民族茶饮

云贵高原是中国茶的原生故地，云南是民族最多的一个省份，人们最早就发现和利用了茶叶。各民族在悠久的饮茶史中，都保留了各自独具特色的饮茶方式，形成了别有风味的民族饮茶习俗。比较典型的有以下几种。

白族三道茶茶艺表演

①白族三道茶：白族聚居在云南省大理白族自治州，他们对饮茶十分讲究，在不同场合有不同的饮茶方式，自饮茶多为雷响茶，婚礼中为两道茶，招待宾客一般用三道茶。“三道”意即指三种不同滋味的茶，一般是第一道苦茶，白族人称为“清苦之茶”；第二道为糖茶，又叫“甜茶”，寓意“吃得苦才会有甜香来”；第三道为回味茶，此茶喝起来回味无穷，可谓甜、苦、麻、辣等。“三道茶”寓事理于茶事中，使人想到人生的酸甜苦辣，颇有引导意味。

②哈尼族煎茶：普洱茶对人体的保健作用是非常明显的。清代赵学敏《本草纲目拾遗》载：“普洱茶清香独绝，醒酒第一，消食化痰，清胃生津，功力尤大也。”居住在勐海县南糯山的哈尼族至今仍有将普洱茶加重煎服，用以治疗细菌性痢疾的习惯。

③傣族竹筒茶：居住在澜沧江畔，孔雀之乡，凤尾竹下，竹楼之上的傣族，喜欢饮用“竹筒茶”，这种竹筒茶，既有竹子的青香，又有茶叶的芳香，非常可口。

④佤族烧茶和擂茶：居住在云南省沧源、西盟、澜沧的佤族，饮用的是独具一格的烧茶。烧茶佤族语“枉腊”，是一种与烤茶相似，而又独具一格的饮茶方式。首先用壶将泉水煮沸，另用一块薄铁板盛上茶叶放在火塘上烧烤，致茶色焦黄闻到茶香味后，将茶倒入开水壶内煮。这种茶水苦中有甜，焦中有香，正是东汉华佗《食论》中写的“苦茶久食益思意”。这种饮茶方式流传已久，现在在佤族中仍保留着这种饮茶习惯。擂茶也是佤族的一种古老的饮茶方式。唐樊绰《蛮书》说“茶出银生城界诸山，散收无采造法，蒙舍蛮以椒姜桂和烹而饮之。”南宋李石《续博物志》卷七也说：“茶出银生城”，即南诏所设“开南银生节度”区域，在今景东、景谷以南之地，产茶的银生城界诸山，采无时，杂椒盐烹而饮之。”这些记载实际上就是佤族饮用的擂茶。

⑤昆明九道茶：昆明九道茶也称迎客茶，是云南城镇书香门第迎佳宾的一种饮茶方式。第一道为择茶，就是将准备好的各种名茶让客人选用。第二道为温杯（净具），以开水冲洗紫砂茶壶、茶杯等，以达到清洁消毒的目的。第三道为投茶，将客人选好的茶适量投入紫砂壶内。第四道为冲泡，就是将初沸的开水冲入壶中，如条件允许，用初沸的泉水冲泡味道更佳，一般开水冲到壶的三分之二处为宜。第五道为瀹茶，将茶壶加盖五分钟，使水浸出物充分溶于水中。第六道为匀茶，即再次向壶内冲入开水，使茶水浓淡适宜。第七道为斟茶，将壶中茶水从左至右分两次倒入杯中。第八道为敬茶，由小辈双手敬上，按长幼有序依次敬茶。第九道为喝茶，九道茶一般是先闻茶香以舒脑增加精神享受，再将茶水徐徐喝入口中细细品味，享受饮茶之乐。

土家族擂茶茶艺表演

2. 土家族擂茶

湘、鄂、川、黔的武陵山区一带，居住着许多土家族同胞，千百年来，他们世代相传，至今还保留着一种古老的吃茶法，这就是喝擂茶。

擂茶，是用生叶(指从茶树采下的新鲜茶叶)、生姜和生米仁三种生原料经混合研碎加水后烹煮而成的汤，故而又被称为“三生汤”。相传三国时，张飞带兵进攻武陵壶头山(今湖南省常德境内)，正值炎夏酷暑，当地正好瘟疫蔓延，张飞部下数百将士病倒，连张飞本人也不能幸免。正在危难之际，村中一位草医郎中有感于张飞部属纪律严明，秋毫无犯，便献出祖传除瘟秘方擂茶，结果茶(药)到病除。其实，茶能提神祛邪，清火明目；姜能理脾解表，去湿发汗；米仁能健脾润肺，和胃止火，所以说，擂茶是一帖治病良药，是有科学道理的。

随着时间的推移，现今的擂茶与古代相比，在原料的选配上已发生了较大的变化。如今制作擂茶时，通常用的除茶叶外，还要配上炒熟的花生、芝麻、米花等；另外，还要加些生姜、食盐、胡椒粉之类的。通常将茶和多种食品，以及作料放在特制的陶制擂钵内，然后用硬木擂棍用力旋转，使各种原料相互混合，再取出逐一倾入碗中，用沸水冲泡，用调匙轻轻搅动几下，即调成擂茶。少数地方也有省去擂研，将多种原料放入碗内，直接用沸水冲泡的，但冲茶的水必须是现沸现泡。

而今，随着人们生活水平的提高，擂茶的制作和选料更为讲究，在许多场合，喝擂茶还配上许多美味可口的小吃，既有“以茶代酒”之意，又有“以茶作点”之美，如此喝擂茶，更有乐趣在其中。

3. 藏族酥油茶

西藏有“世界屋脊”之称，茶叶是西藏人民不可缺少的生活食品。《滴露缦录》云：“以其腥肉之食，非茶不消，青稞之热，非茶不解。”这道出了藏民必须饮茶的原因。藏族饮茶，有喝清茶的，有喝奶茶的，也有喝酥油茶的，名目较多，但喝得最普遍的还是酥油茶。所谓酥油，就是把牛奶或羊奶煮沸，用勺搅拌，倒入竹桶内，冷却后凝结在溶液表面的一层脂肪。至于茶叶，一般选用的是紧压茶类中的普洱茶、金尖等。酥油茶的加工方法比较讲究，一般先用锅子烧水，待水煮沸后，再用刀子把紧压茶捣碎，放入沸水中煮，约半小时左右，待茶汁浸出后，滤去茶叶，把茶汁装进长圆柱形的打茶桶内。与此同时，用另一口锅煮牛奶，一直煮到表面凝结一层酥油时，把它倒入盛有茶汤的打茶筒内，再放上适量的盐和糖。这时，盖住打茶筒，用手握住直立茶筒并上下移动的长棒，不断捶打捶打。直到筒内声音从“咣当、咣当”变成“嚓咿、嚓咿”时、茶、酥油、盐、糖等混为一体，酥油茶就打好了。

打酥油茶用的茶筒，多为铜质，甚至有用银制的。而盛酥油茶用的茶具，多为银质，甚至还有用黄金加工而成的。茶碗虽以木碗为多，但常常是用金、银或铜镶嵌而成。更有甚者，是用翡翠制成的，这种华丽而又昂贵的茶具，常被看作是传家之宝。而这些不同等级的茶具，又是人们财产程度的标志。

酥油茶始于何时，已无法考证。传说，它的最早出现与文成公主有关，是文成公主进藏时带去茶叶，最终演变成这种别具一格的酥油茶。

4. 蒙古族咸奶茶

蒙古族以经营畜牧业为主，主食肉和奶酪，所以茶叶在生活中占有重要的地位。和新疆、西藏的牧民一样，蒙古族人民喜欢喝与牛奶、盐巴一起煮沸而成的咸奶茶。

蒙古族人民喝的咸奶茶，用的多为青砖茶和黑砖茶，并用铁锅烹煮，这一点与藏族打酥油茶和维吾尔族煮奶茶时用茶壶的方法不同。但是，烹煮时，都要加入牛奶，习惯于“煮茶”，这一点又是相同的。这是由于高原气压低，水的沸点在100℃以内，砖茶质地紧实，用开水冲泡，很难将茶汁浸出来。

煮咸奶茶看起来比较简单，其实滋味的好坏，营养成分的多少，与煮茶时用的锅，放的茶，加的水，掺的奶，烧的时间，以及先后次序都有关系。蒙古族人民认为，只有器、茶、奶、盐、温五者相互协调，才能煮出咸甜相宜、美味可口的咸奶茶。其他地区的人都说：“一日三顿饭”是不可少的，但蒙古族往往是“一日三次茶”，却只习惯于“一日一顿饭”，由此可见蒙古族人酷爱喝茶的程度。即便是重饮（茶）轻吃（食），却也身强力壮，这固然与当地牧区气候、劳动条件有关，但还由于咸奶茶的营养丰富，成分完全；加之蒙古族喝茶时常吃些炒米、油炸果之类充饥。

5. 侗家十五茶

十五茶流行于广西侗族自治县等地，每年于农历十五夜晚，男女青年三五成群地去他村走寨，寨中的姑娘则会聚集于某个姑娘家中，待小伙子们到后以打油茶款待。喝茶前还在要先对歌，由女方问，男方答，答对者方能饮茶，女子献茶时先于一只碗上放二双筷，目的是试探小伙子是否有对象，待双方用歌对答后再行第二次献茶，这时，则有碗无筷，以试探小伙子是否聪明。再次答歌后则开始第三次献茶，这时一只碗上放一根筷子，是试探男方是否有情于女方，答对后再以第四次献茶，这时即一只碗放一双筷子，表示成双成对，两心相印。

第三节 地方特色茶俗

茶叶，是中华民族的举国之饮，不仅各民族有不同的饮茶习俗，就是汉民族圈，也因每个地区的不同，有着自己的区域特征。

惠安女茶俗表演

1. 北京大碗茶

北京历史悠久，集各文化传统之大成。其实就大碗茶的风尚而言，在汉民族居住地区，是随处可见的，尤其在我国北方最为流行。早期的大碗茶多用大壶冲泡，或大桶装茶，大碗畅饮，热气腾腾，提神解渴，好生自然。清茶一碗，随便饮喝，无须繁杂的喝茶方式，比较粗犷，颇有“野味”，因此，它常以茶摊或茶亭的形式出现，主要为过往客人解渴小憩。盖因早年北京的大碗茶名闻遐迩，所以人们说起大碗茶，也总是和北京联系在一起。今天依然如此。

和大碗茶齐名的是老北京的茶馆，老舍先生的《茶馆》里有精彩的描述。老北京的茶馆遍及京城内外，各种茶馆又有不同的形式和功能。评书茶馆，说书人往往将人间世态炎凉揉入故事里，听客在品茶中遨游于天上地下，茶的气氛和内容便丰富了起来。北京还有一类清茶馆，饮茶的主题就比较突出，通常是些市井闲人、遗老遗少，在这里谈家常、评时事、品茶论经。由此可见，茶的社会文化功能远远超过物质的本身。

2. 广东人饮茶风俗

饮茶是广东人生活中一个不可缺少的内容，而且广东人饮茶自由，没有时间限定，从清晨的早茶到午后的下午茶再到夜幕降临后的晚茶，这叫“三茶两饭直落”。广东人饮茶，与其说是“品”，不如说是“饮”，是“叹”。菊普、菊花、水仙、茉莉也好，乌龙、龙井、普洱、观音也罢，茶的选择很多。但是广东人饮茶不注重茶，而是对食很考究，茶楼的点心种类就很多，最常见的是各种包子，诸如叉烧包、水晶包、水笼肉包、虾仁小笼包、蟹粉小笼包，以及其他各类干蒸烧卖，各种酥饼，还有鸡粥、牛肉粥、鱼生粥、猪肠粉、虾仁粉、云吞等。一壶茶、三两碟点心，广东人的一天大概都是从这“一盅两件”开始的。

广东还有一种地方上特有的茶饮——凉茶，一种“非茶之茶”。广东地属岭南，多雨潮湿，冬暖夏热，先民们为了除湿去热，便将一些清热解毒、消暑去湿的草药配制成各式各样的凉茶，制售凉茶的药店、摊档、作坊，也随着社会的需要，不断得到发展。每到夏天，凉茶便是广东人必不可少的饮料。

广东凉茶，具有清凉散热、解暑去湿的功效，能起保健止渴作用。

它的主要成分是夏枯草、冬桑叶、野菊花、绵因陈、崩大碗、岗梅、车前草、地胆头、水翁花、金银花、紫苏、薄荷、布渣叶、半边莲等。也有标榜“十八味凉茶”或“廿四味凉茶”的，五花八门，但实际上并无多大差别。

3. 成都盖碗茶

盖碗茶盛于清代，在汉民族居住的大部分地区都有喝盖碗茶的习俗，而以我国的西南地区的一些大、中城市最为流行。

“盖碗茶”，是成都最先发明并独具特色的。所谓“盖碗茶”，包括茶盖、茶碗、茶船子三部分。茶船子，又叫茶舟，即承受茶碗的茶托子。相传是唐德宗建中年间（780—783年）由西川节度使崔宁之女在成都发明的。因为原来的茶杯没有衬底，常常烫着手指，于是崔宁之子就巧思发明了木盘子来承托茶杯。为了防止喝茶时杯易倾倒，她又设法用蜡将木盘中央环上一圈，使杯子便于固定。这便是最早的茶船。后来茶船改用漆环来代替蜡环，人人称便。到后世环底做得越来越新颖，形状百态，犹如环底杯，一种独特的茶船文化，也叫盖碗茶文化，就在成都地区诞生了。这种特有的饮茶方式逐步由巴蜀向四周地区浸润发展，后世就遍及于整个南方。

盖碗茶冲泡

川人使用茶盖还有其特殊的讲究：品茶之时，茶盖置于桌面，表示茶杯已空，茶博士会很快过来将水续满；茶客临时离去，将茶盖扣置于竹椅之上，表示人未走远，少时即归，自然不会有人侵占座位，跑堂也会将茶具、小吃代为看管。茶博士的斟茶技巧，也是四川茶楼一道独特的风景线。水柱临空而降，泻入茶碗，翻腾有声；

须臾之间，戛然而止，茶水恰与碗口平齐，碗外无一滴水珠，既是一门绝技，又是艺术的享受。

由于四川人饮茶历史悠久，中国历史上最早的茶人，几乎都可以说是蜀人，再加上当地人喜欢“摆龙门阵”，所以四川的茶馆极为兴盛，不论是风景名胜，还是闹市街巷，到处都可看到富有地方色彩的茶馆。人们一边品饮盖碗茶，一边海阔天空，谈笑风生。同时佐以茶点小吃和曲艺表演，从中也体现了巴蜀地区浓厚的人情味。

4. 杭州的“一天三茶”

浙江是我国传统的产茶大省，因此杭州人饮茶之风十分盛行。杭州人上茶馆饮茶有一天“三茶”的习惯，即早茶、午茶、晚茶。又因为西湖盛产名茶，所以西湖茶农在采摘茶叶时的饮茶仪式特别隆重。在清明前后开采新茶之日，家家都要吃青稞团子，以表示新茶常采常新。当家人要泡上第一杯新茶，放在灶司前，旁边放一支翠柏，敬献茶神，以取“新茶丰收，似柏常青”之意。茶农家还将新茶配以各色细果，赠送亲友尝新，称“七家茶”。除夕过年，也要以“三茶六酒”（即三杯茶、六杯酒）谢年神。年初一，茶农们都会在茶搂、茶匾、开山锄柄上贴红纸剪元福，以祝春茶丰收，财运亨通。

5. 香港的酒楼饮茶

饮茶是香港市民的饮食文化之一。很多人一天不到酒楼茶馆喝杯茶，便浑身不自在。市民爱饮的茶有普洱、寿眉、白牡丹、香片，还可见到祁红、荔枝红、碧螺春、银针白毫、猴子采（高级铁观音）和珠兰花茶等。和广东人相似的是，香港人饮茶不仅仅只是喝喝茶，而是吃早餐、午餐的代名词。早晨起来，香港上班一族，不少在街边买了一份报纸然后上茶楼，边喝茶，边看报，一盅(茶)两件(点心)，然后匆匆上班去。中午时刻，上茶楼饭馆饮茶，实际上是吃午饭，或祭五脏庙(填饱肚子)，或约客户谈生意，或邀朋友叙谊。

第四节 茶俗与人生礼仪

随着社会文明和饮茶文化的发展，饮茶之风渗透到了社会的各个领域、层次和角落，茶礼也被广泛用于民间生活的各个层面，贯彻于衣食住行、婚嫁丧娶、日常交际、人生礼俗等生活之中。

仿宋代点茶茶艺表演

中国是文明古国，礼仪之邦，民间是很重视客来敬茶的礼仪的，凡来了客人，沏茶、敬茶的礼仪便必不可少。宋代杜耒的“寒夜客来茶当酒，竹如汤沸火初红”，清人郑清之的“一倍春露暂留客，两腋清风几欲仙”的诗句，都说明我国人民自古好客，不仅客来敬茶，还要以茶留客。我国人民好客重情的传统美德，从古一直流传至今。不论是富有之家或贫困之户，上层社会或平民百姓，还是社交活动或闲散家居，莫不以茶为礼。特别是传统节日的春节，宾客来临时，主人总要先泡一杯茶，然后端上糖果糕点甜食之类，品饮香茗，相互祝愿新年幸福。“以茶待客”是中国的普遍习俗。有客来，端上一杯芳香的茶，是对客人极大地尊重。正是从这最为常见的现象中，集中地体现了中国茶文化精神与民众思想的有机结合。中国的以茶待客之“礼”，不仅是指长幼伦序，而且有更广阔的含义。对内而言，它表示家庭、乡里、友人、兄弟之间的亲和礼让；对外而言，它表示中华民族和平、友好、亲善、谦虚的美德。子孙要敬父母、祖先，兄弟要亲如手足，夫妻要相敬如宾，对客人更要和敬礼让，中国人“以茶表敬意”正是这种精神的体现。至于现代，以茶待客，以茶交友，以茶表示深情厚谊的精神，不仅深入每家每户，而且用于机关团体，乃至国家礼仪。

而民俗中含义深远的茶礼，突出表现在婚恋之际。古人认为：“种茶下子，不可移植，移植则不复生也。故女人受聘，谓之吃茶，又聘以茶为礼者，见其从一之义”（明·郎瑛《七修类稿》）。古人以栽茶必须下籽，隐喻结婚就要生子，并以茶树不可移植作为婚姻笃定，爱情专一的象征。这种价值取向和道德意义，历史相传成风，婚姻的各个阶段也都与茶有紧密的联系，故旧有“三茶六礼”之说。

1. 相亲用茶

一般来说，茶叶与婚俗有关始于行聘。“今婚礼行聘，以茶叶为币，满汉之俗皆然，且非正室不用”（清·福格《听雨丛谈》）。江西省遂川县客家青年谈对象，介绍人引荐双方见面，常常到茶店中去，茶资由男方支付。此时必须要六样茶点，每样称六两，意为“六六大顺”。江西省修水县媒人带仔俚（指男青年）去姑俚（指女青年）家相亲，姑俚泡上几碗茶用茶盘端出来，这第一盘是见面礼节。女方家长陪同客人一边喝茶，一边拉家常话。过少许时间，如果姑俚又送来第二盘茶，仔俚也接过了第二碗茶，表示男女都同意了亲事，双方的话题也就转入结亲的事。如果姑俚不再送茶出来，表示女方不同意亲事。仔俚不接第二碗茶，表示男方没有相中姑娘。不论哪种情况，客人都要马上告辞。

2. 定亲用茶

各地有许多这方面的记载："行聘必以茶叶，曰'下茶'"（清·同治《湖口县志》）。"行聘时，男家具饼、茶叶、酒、猪、鸡、鱼必足"（民国《赣县新志稿》）。"先期数月，预行聘礼，其仪物多寡，视贫富为增减。惟内用春茗一盆，取其得春气最早，示女归及时之义。女家回盒，用谷种数升，取其发生无穷，有养人之义"（民国《瑞金县志稿》）。"男家备长庚，钱二千并仪物、首饰、衣服、香茗等件，名曰'下茶'"（清·同治《会昌县志》）。有的订婚

仿清代宫廷茶茶艺表演

时虽然不送茶叶，但也以茶为名。“将婚，男氏具书及饼、饵、鱼、肉、币、帛、衣、钗等物送至女家，俗云‘过茶’”（民国《上犹县志》稿本）。还有的将男女双方议立记载聘礼与嫁妆的品种与数量的礼单，叫作“立茶单”或“写茶单”。茶单议立后，就意味着初步建立了姻亲关系，双方即改口称呼。在江西省遂川县，还有送茶包的习俗。订婚这天，男方代表五至九人前往女家，女方“客娘”要一一敬茶待客。当“客娘”敬茶到“后生”手中时，“后生”喝完这杯茶随即要把预先包好的“见面礼”红包放在茶杯内，后将茶杯送回“客娘”手中。“见面礼”茶包的数额多少，视男方家经济条件和大方情况而定，少则几元或几十元，多则百元以上，但数字要求逢九。由于江西素有重视人品的风气，也有“纳采、行聘、一茶一果，俱辞不受。”却特别看重个人的品貌和才学，“然专尚择婿，首重儒生。祈名之初，必问曰：‘郎君读书否？曾入学否？’斯风俗之最美者。以故，父兄每勤于延师，子弟亦勉于向学矣”（清·康熙《赣县志》）。

3. 婚礼用茶

行聘之后，男女两家便为筹办婚礼忙碌起来。迎娶之日，花轿到女家后，媒人、乐手等稍事休息并用过茶点后，乐队随即吹奏起来催请新娘上轿。接着，侍娘走到轿前，手握米、茶叶撒向轿顶，意为驱逐邪祟。花轿“将到门，婿严服出迎，搴帷接茶，然后进门”（清·同治《乐平县志》）。拜堂、喝交杯酒之后，南城县一带要“揭席，郎与女堂前交拜，姑或祖姑为妇去花头，揭首帕，饲以茶果，谓之‘拜茶’”（清·同治《南城县志》）。然后，侍娘引新娘入洞房，给箩坐给篓坐，意为新娘今后做事灵活如箩车篓转，最后给凳坐、给茶喝。闹房之时，有的地方新娘要给六亲百客敬茶。茶乡婺源还有个习俗，每个姑娘出嫁前都必须亲自用丝线和最好的茶叶扎一朵“茶花”。出嫁那天，新娘就要用开水冲泡“茶花”敬公婆，同时还要亲自用丝线将最好的茶叶扎好依次给亲戚朋友沏上一杯香茶。而碧绿清新、芳香四溢的“茶花”又象征着新婚夫妇的美好青春和幸福的家庭生活。同时，新娘还要亲自用铜壶烧水，按辈分大小依次给亲朋宾客沏上一杯香茶，这叫“喝新娘茶”。

4. 婚后用茶

新婚之后，许多礼俗也与茶有关。成婚后的第二天清晨，各地都有由新娘敬茶的习俗，但不过是有的只敬公婆，有的要敬家族中的各式人等及远道来参加婚礼的亲戚，还有的要挨家挨户拜叩亲友邻里，一一敬茶。如“合卺之明日，新妇冠帔立堂阶，使老妪捧瓯执壶侍，瓯中置枣栗，佐以匙，请舅姑诸尊长立堂上，妇捧茶瓯三献，舅姑诸尊长咸答礼。妇以瓯陪立而不饮，俟舅姑诸尊长饮毕，然后退”（清·同治《铅山县志》）。新婚“次日，拜祖先，即古庙见礼；次拜翁姑、尊长及媒氏。新姻叙见卑幼，谓之‘拜茶’”（民国《昭萍志略》）。结婚三天之后，新娘要下厨房烧茶做饭，“新妇是日辰早入厨，捧茶果登堂奉舅姑，唯谨”（清·同治《乐平县志》）。或是“女入厨下作茶汤，以母家所赠果类遍饷宗亲”（民国《弋阳县志》）。还有的新婚“三日，婿导新妇入厨下，亦鼓乐。婿遣人请女家会亲，不至，则饷以筵席，谓之‘新人茶饭’”（清·同治《宜黄县志》）。或是“三日庙见”，“族房皆贺，随答谢茶果酒”（清·同治《新喻县志》）。这些，都离不开清香的茶叶。有的虽不用茶叶，却仍以茶称之。婺源茶区还有请“新郎茶”的习俗：新婚头一年，老丈人家的亲戚、好友和邻里，都要在来年农历正月“接新郎官”（俗称接新客）。“接新客”那天要将珍藏好的上年好茶每人沏上一杯，边喝茶边叙谈边吃糕点，待茶过三巡，才酒菜上桌。按当地乡风，新郎官这天喝醉了主人才高兴，但新婚妻子往往将浓茶递给丈夫，以解酒防醉。

茶之所以贯穿婚俗的始终，是因为茶所富有的多种内涵：茶是清洁的象征，寓意爱情的纯贞；茶是吉祥的象征，祝福新人生活美满；

茶是亲密、友爱的象征，祝愿夫妻礼敬、儿女尊长、居家和睦、亲家情谊、多子多福。

茶俗还与祭祀与丧葬密切相关。在清代，宫廷祭祀祖陵时必用茶叶。据载，同治十年（1871年）冬至大祭时即有“松罗茶叶十三两”的记载。在光绪五年（1879年）岁暮大祭的祭品中也有“松罗茶叶二斤”的记述。而在我国民间则历来流传以“三茶六酒”（三杯茶、六杯酒）和“清茶四果”作为丧葬中祭品的习俗。如在我国广东、江西一带，清明祭祖扫墓时，就有将一包茶叶与其他祭品一起摆放于坟前，或在坟前斟上三杯茶水，祭祀先人的习俗。茶叶还作为随葬品。从长沙马王堆西汉古墓的发掘中已经知道，我国早在两千一百多年前就已将茶叶作为随葬物品。因古人认为茶叶有“洁净、干燥”作用，茶叶随葬有利于墓穴吸收异味、有利于遗体保存。

自古以来，我国都有在死者手中放置一包茶叶的习俗。像安徽寿县地区，人们认为人死后必经“孟婆亭‘饮’迷魂汤”，故成殓时，须用茶叶一包，并拌以土灰置于死者手中，这样死者的灵魂过孟婆亭时就可以不饮迷魂汤了。而浙江地区为让死者不饮迷魂汤（又称“孟婆汤”），则于死者临终前除日衔银锭外，要先用甘露叶做成一菱形状的附葬品（模拟“水红菱”），再在死者手中置茶叶一包。认为死者有此两物，死后如口渴，有甘露、红菱，即可不饮迷魂汤。

茶在我国的丧葬习俗中，还成为重要的“信物”。在我国湖南地区，旧时盛行棺木葬时，死者的枕头要用茶叶作为填充料，称为“茶叶枕头”。茶叶枕头的枕套用白布制作，呈三角形状，内部用茶叶灌满填充（大多用粗茶叶）。死者枕茶叶枕头的寓意，一是死者至阴曹地府要喝茶时，可随时“取出泡茶”；一是茶叶放置棺木内，可消除异味。在我国

武夷宫景区

江苏的部分地区，死者入殓时，要先在棺材底撒上一层茶叶、米粒。至出殡盖棺时再撒上一层茶叶、米粒，其用意主要是起干燥、除味作用，有利于遗体的保存。

丧葬时用茶叶，大多是为死者而备，但我国福建福安地区却有为活人而备茶叶，悬挂“龙籽袋”的习俗。旧时福安地区，凡家中有人亡故，都得请风水先生看风水，选择“宝地”后再挖穴埋葬。在棺木入穴前，由风水先生在地穴里铺上地毯，口中念念有词。这时香火缭绕，鞭炮声起，风水先生就将一把把茶叶、豆子、谷子、芝麻及竹钉、钱币等撒在穴中的地毯上，再由亡者家属将撒在地毯上的东西收集起来，用布袋装好，封好口，悬挂在家中楼梁式木仓内长久保存，名“龙籽袋”。龙籽袋据说象征死者留给家属的“财富”。其寓意是，茶叶历来是吉祥之物，能“驱妖除魔”，并保佑死者的子孙“消灾祛病”“人丁兴旺”；豆和谷子等则象征后代“五谷丰登”“六畜兴旺”；钱币等则寓意后代子孙享有“金银钱物”，“财源茂盛”吃穿不愁。

第五节　其他相关茶俗

民俗、风气是集体活动的产物，是逐渐累积的“活化石”。随着岁月的流逝，各种饮茶习俗世代相传、生生不息。除了上述茶俗，我们再作一些介绍。

喷灌茶园

其实，茶俗并非仅仅是饮茶习俗，还首先是茶叶生产习俗。而茶叶生产习俗之中，占重要地位的又是采摘茶叶时的风俗习惯。采摘茶叶十分讲究季节，茶农和采茶女在实践中总结了采茶的最佳时间，茶谚中反复强调：“前三天是宝，后三天是草。”“清明茶叶是个宝，立夏过后茶粗老，谷雨茶叶刚刚好。”“清明早，立夏迟，谷雨前后最适时。”“明前茶叶是贡品，谷雨仙茶为上等，立夏茶叶是下等。”“立夏茶夜夜老，小满过后茶变草。”这些实践经验的总结，已被现代科学道理所证实。因为所采摘的茶叶是茶树自然生长的新梢，而每轮新梢的生长又受气温（特别是春茶）和雨水（尤其夏秋茶）的影响，所以新梢萌发后不及时采摘品质就会下降，还会影响下一轮茶芽萌发。茶叶并非采得越早越发，而是“采茶之候，贵在其时”。“采茶，不必太细，细则芽初落而味欠足，不必太青，青则茶已老而味欠嫩”。（明·孙大绶《茶谱外集》）这与现代提倡的“适时采摘”，是完全一致的。

虽然从整体上来看，采茶过早，茶芽头小，影响收成；采茶太迟，茶叶过老，又要影响质量，但由于茶区之间气候条件殊别，各地采摘时间也往往因地制宜。例如：波阳“谷雨前，环村妇女采取茶苗，谷雨后，携篮复采”（清·道光《波阳县志》）。泸溪县（今资溪县）则是“摘茶以四月为头春，五月为二春，八月为三春，时候不一，而多寡亦殊”（清·同治《泸溪县志》）。所谓“三春”之说，也就是指春、夏、秋三个不同季节采摘的茶叶。春茶之中，“谷雨前茶，沁人齿牙”，而夏、秋两季采的茶比较一般。所以，广信府（今江西上饶）的习惯是“三月清明前采笋为上春，清明后采芽为二春，四月以后茶叶则不入。”对于四月以后的茶叶，就不感兴趣了。而且，把嫩芽初迸、似同笋尖的清明前采的茶称为“上春茶”，把茶芽稍长，形状似枪的清明后采的茶称为“二春”茶。很显然，广信府和泸溪县的“二春”时间是不一样的，茶叶的质量也有很大差别。同时，广信府对茶叶的采制还有其他的讲究：“凌露而采，出膏者光，含膏者皱；宿制者黑，日成者黄；早取为茶，晚取为茗；紫者上，绿者次”（清·雍正《江西通志》）。正是这些烦琐的习俗，使这块地方出产过周山茶、白水团茶、小龙凤团茶等颇有影响的名茶。此外，各地有其他与茶叶有关的习俗。譬如制茶方法：“三月谷雨前，采最嫩者一叶一枪，摊干为白毫。谷雨后叶渐粗，号造作青庄、红庄二种。青者用锅烧热，入叶烧之，乘热搓揉，炭火焙干，泡色淡而香，味较胜。红者用篾垫曝太阳中，即搓挪成条，晒干，泡汁深红，可以货卖”（清·同治《泸溪县志》）。“道光间，宁茶名益著，种莳殆遍乡村，制法有青茶、红茶、乌龙、白毫、花香、茶砖各种”（《义宁州志》）。在“茶甲中华，价压天下”的“宁红”茶乡产地之一的武宁县，有首《竹枝词》描述了当时采茶、制茶的情景：

女伴相邀涉水涯，
提筐先说采新茶。
夜来贮得烘笼满，
处处当炉制雪芽。

写出了采茶、制茶时的欢欣，也写出了其间的忙碌和艰辛。

除良俗外，也存在各种各样的陋习：“居人将土茶用黄柏等物浸渍，令色味黄苦，伪为闽茶易之，实易辨。然粤中某县，又惯用此茶，岁必市去，又可异也”（明·崇祯《清江县志》）。可见，自古以来就有制造假货者，而其之所以得逞，原因之一就是因为有嗜好者和购买者。又如，“若採茶，以精行俭德之人，毋以妇人鸡犬到山，乃为清明”（清·雍正《江西通志》）。采茶时不许妇人到山，则是因其被视为不洁之物。

满载而归的茶农

茶叶生产是首要环节，而茶叶经营则是流通环节。而由于茶商之兴，又有茶业经营习俗。早在公元826年，唐代著名诗人白居易在长诗《琵琶行》中就写下了“商人重利轻别离，前月浮梁买茶去”的诗句。浮梁之所以成为茶叶的集散地，除了浮梁及其周围的婺源等地均为茶叶主产区外，还因为这一带地方“风俗淳雅”“甲于江右”。这种淳雅的风俗，在茶叶买卖之中就自然而然形成了一种公平公正的经贸作风。

1991年在婺源县清华镇洪村发现的一块清朝道光四年所刻立的“公议茶规”石碑，再一次证明了在浮梁、婺源一带自古以来茶叶买卖时便讲究公平公正。这块“公议茶规”碑长130厘米，宽60厘米，镶嵌在洪村祠堂墙中，碑文记载了当时全村茶农就茶叶流通所制定的村规民约。石碑原文是：

同村公议，演戏勒石，钉公秤两把，硬钉贰拾两。凡买松萝茶客入村，任客投主入祠校秤，一字平称，货价高低公品公卖，务要前后如一。凡主家买卖客，毋不得私情背卖。如有背卖，查出罚通宵戏一台，银五两入祠，绝不徇情轻贷，倘有强横不遵者，仍要倍罚无异。买茶客入村后，银色言明，开秤无论好歹，俱要扫收，不能蒂存。茶称时，明除净退，并无袋位。

这种村规民约，在当时的条件下促进了茶叶的买卖。

婺源的茶叶交易中，茶号起了重要作用。婺源设茶号制造精茶的时间很长，有300年以上的历史，在全国也是最早的。茶号老板将自己生产的毛茶或采购附近乡里农户的毛茶，通过制茶工序，即

易武山现代台地茶茶园

成商品绿茶，再将以锡罐，套以木箱，外用箬皮竹篓包装，出口外销。为了赶新茶行情，抢“利市”，茶号在每批茶加工结束拼堆时，都要杀猪饮酒，隆重庆贺，鼓励茶工加快速度。茶号的组织形式比较简单，一般设经理、掌号、会计各一人，水客若干人，即可百事俱举。1934年，婺源县内有茶号、茶庄178家。1940年，有茶号、茶庄183家。到1941年，婺源县内茶号、茶庄发展到243家（参见刘隆祥、詹成业《“婺源”茶史考》）。

茶号不仅进行茶叶精加工，更重要的是进行茶叶贸易。婺源茶商早在唐代便开始应运而生，明代时经商已成为婺源人靡然从之的社会风尚，到了清代，婺源茶商凭借血缘姻亲和地缘乡谊关系，或是子佐父贾，或是翁婿共贾，或是兄弟联袂，或是同族结伙，“业此项绿茶生意者，系徽州婺源人居多，其茶亦俱由本山所出”（《通商各关华洋贸易总册》下卷）。婺源茶商的来源，有家贫就商、弃农经商、弃儒而商、弃吏而商、经承父业、亦儒亦商等多种情况，其资金也靠借贷、积攒、继承遗产、亲朋援助、合伙出资、资本转行等多种途径筹集。婺源茶商经营的主要地区有广东、浙江、江苏、湖北、江西、安徽等省，最主要的是在上海，经济力量相当雄厚，规模也颇为宏大，有的甚至远达海外，从事茶叶贩运活动。由于婺源是南宋大儒朱熹的故里，崇儒重道、儒风独茂的社会环境熏陶出来的茶商，也大多“贾而好儒”，讲究商业道德。他们在经营中，以诚待人，以信接物，以义为利，仁心为质，故不以次充优，以假充好，不取不义之财，反而疏财行义，急公好施，贾而好儒，耕读传家。因此，婺源茶商在当时推动了商品经济的发展，为资本主义生产关系萌芽提供了历史前提，推动了文化教育事业的发展，并促进了偏僻乡村的一些陋习旧俗的变易（参阅陈爱中《清代婺源茶商管窥》）。

包括婺源在内的一些茶叶主产区都有各具特色的茶叶经贸习俗。像出产宁红的修水，兴盛时期的茶庄分本客两帮，总共有一百余家。这些帮别不一的茶庄，其中有广帮十余家，徽帮十余家，本帮及杂帮六十余家。此外，还有俄商设立的新泰、顺丰、阜昌等洋行分行三家，采办红茶和花茶运销海外。在一段时间内，对于外商采取了抵制的方式："每岁春夏，客商麇集，西洋人亦时至，但非我族类，道路以目，留数日辄去"（清·同治《义宁州志》）。

不同的节日，不同的节气，往往有不同的民俗活动盛行，也有不同的民俗事项纷繁，这是民俗特色最鲜明的。约定俗成的岁时饮茶，就正是如此。

1. 元旦青果茶

元旦指农历元旦，即大年初一，为一岁之首，江西许多地方讲究吃青果茶。"人最重年，亲族里邻咸衣冠交贺，稍疏者注籍投刺，至易市肆以青果递茶为敬"（明·正德《建昌府志》）。元旦"乡邻往来投刺，以青果递茶为敬"（清·同治《广昌县志》）。所谓"青果茶"是在茶中加放一只青果，俗称檀香橄榄，品味时更显淡雅清香。寓意一年之中都庆吉平安，回味甘甜。这种风俗流行于江南一带，美籍华人浦薛风所著的《万里家山一梦中》也回忆道："家乡风俗，元旦（即农历元旦，大年初一）喜泡橄榄茶，特别是每一茶馆必然备此。橄榄初加咀嚼，呈露涩滋味道，但旋转为甘甜，润舌生津。"元旦之日，还有的"进元宝茶蛋等"（民国《安义县志》稿本）。所谓"元宝茶蛋"，实际上就是茶叶煮的蛋，以"元宝"命名，意为招财进宝。

2. 正月传茶会友

"传茶会友"是贵溪市妇女们正月里的一种聚会。每年正月初十以后，男人们在外做客，女人们便由一家发起，邀请平日来往亲密的姐妹和左邻右舍的女宾来客吃茶。吃完一家，次日又换一家，少则一二桌，多则三五桌。妇女们聚在一起，边吃边聊，从村里大事，到家庭隐私，天南地北，无所不谈。往往从下午一点钟左右开始，至夜方散（参阅舒惠国编著《茶叶趣谈》）。

3. 供茶接春

每年公历二月四日前后的立春，为全年的第一个节气。早在周代，就有天子亲率三公九卿、诸侯大夫去东郊迎春，并有祭祀太皞、芒神的仪式，以祈求丰收。汉承周俗，魏晋南北朝此俗仍盛，唐宋又发展了鞭打春牛、送小春牛等习俗，明清以来民间有食青菜、迎土牛、贴春帖、喝春茶等习俗。江西还有“供茶接春”之俗，即“供茶、果、五谷种子、香灯，放花爆，谓之接春”（清·同治《玉山县志》）。

4. 元宵茶俗

元宵节为每年农历正月十五日晚上举行，以通宵张灯，供人观赏为乐。江西的元宵茶俗，一是“上元张灯，家设酒茗，竟丝竹管弦，极永夜之乐”（清·道光《新建县志》）。二是庆贺元宵的灯彩之中，“河口镇更有采茶灯，以秀丽童男女扮成戏剧，饰以艳服，唱采茶歌，亦足娱耳悦目”（清·同治《铅山县志》）。也有的地方是“杂以秧歌采茶，遍行近村，索茶果食”（清·同治《东乡县志》）。三是“夜深，妇女以茶果、香烛供紫姑神，问家常琐细事”（清·同治《崇仁县志》）。紫姑虽名为厕神，但主管却并非茅厕之事，而是占卜预测吉凶福祸。

5. 惊蛰炒害虫

每年公历三月六日前后的惊蛰，天气转暖，渐有春雷。江南民谚云：“惊蛰闻雷，谷米贱似泥”，也有认为“是日雷鸣，夏季毒虫必多。”所以，江西遂川县山区为了减少害虫，使庄稼不被害虫侵袭，有“炒害虫”的习俗。惊蛰这天，农民将谷种、茶种、豆种、南瓜种、向日葵种等各类种子一小撮放入锅中炒熟，分给孩子们吃掉，意为吃掉害虫，保护作物丰收。

6. 饮立夏茶

每年公历五月六日前后的立夏，我国习惯以此时作为夏季的开始。江西各地，有饮“立夏茶”的习俗。“立夏日，妇女聚七家茶，相约欢饮，曰‘立夏茶。’谓是日不饮茗，则一夏苦昼眠也”（清·乾隆《南昌县志》）。“立夏日，士民家煮粉团食，谓之立夏羹。又有相约欢会饮茶者，曰立夏茶。谓是日不饮茶，则一夏苦”（民国《昭萍志略》）。曾有《立夏茶词》，描述这一风俗。

城中女儿无一事，四夏昼长愁午睡。

家家买茶作茶会，一家茶会七家聚。

风吹壁上织作筐，女儿数钱一日忙。

煮茶须及立夏日，寒具薄持杂藜栗。

君不见村女长夏踏纺车，一生不煮立夏茶。

除饮“立夏茶”外，“立夏，田家人多以茶叶蛋、米粉肉、熟田螺是日点缀佳节之食品，或宰狗食外，似亦仿古烹狗祖阳之意”（民国《上犹县志》稿本）。

此外，端午节时，江西民间有正午到野外采撷百草为茶的习俗，称“午时茶”。一般伤风感冒等寒暑时疾，抓一把午时茶熬水喝莫不见效。“八月中秋节，亲友馈送各种月饼，以助月下茗战之资”（清·同治《铅山县志》）。所谓“茗战”，原指斗茶，后用于广泛性地称饮茶。在江西民间，连中秋吃月饼也被视为品茶的助兴而已。

茶是俗物，日行之必需。客来煎茶，以示好客；家人共饮，同享天伦之乐。当然，茶俗中也有些陈规陋习。明清时期，官场的“端茶送客”就是其中之一。凡上司召见下级，大官接见小官，或言语不合，话不投机，或正事以完毕，对方却无意告辞，上司便双手端起茶杯，侍从见了齐呼“送客”，“端茶”于是成了“逐客”。清人李宝嘉的《官场现形记》第四十四回，就描述了一幕“端茶送客”的闹剧。类似的习俗还有如拜谒上司或长者，仆人献上的盖碗茶照例不能取饮，主客同然。若贸然取饮，便视为无礼。当然有主人端茶下“逐客令”的，也有主人令仆人“换茶”，表示留客的，这叫“留茶”。

茶是雅物，亦是俗物。进入世俗社会，行于官场，染几分官气。行于江湖，染几分江湖气。某些地方还有“吃讲茶”的风俗。所谓“吃讲茶”是一种古老的民俗遗风。在江南水乡一带，过去老百姓之间因种种原因发生了纠纷，双方坚持抗衡，又怕打官司，不诉诸公堂，就相约去茶馆，请双方都信得过的人物，根据事理和社会公德标准，从中劝说调停，以求得问题的和平解决。

总之，茶是礼敬的表示，是友谊的象征，是中华民族一个突出的特征。茶，是生活情趣中重要的东西，也是最亲切、最平常的东西。茶俗的范围广阔而且千差万别，不同时期、不同地区、不同民族、不同人事，由茶竟生发出五花八门的表现形式，既是一种价值取向又是一种特殊的消费。

西湖龙井茶基地

第五章

茶馆大千

“茶烟一缕轻轻扬，搅动兰膏四座香。”元代李德载《阳春曲·赠茶肆》采用一组十曲的形式，尽写历代茶事故实，是一组古代茶馆的赞歌。

茶馆，唐宋时名茶肆、茶坊、茶店、茶铺、茶楼等，明代以后始称茶馆，清代以后就惯称茶馆了。茶馆是随着茶叶及饮茶习俗的兴盛而出现的，是以饮茶为中心的综合性活动场所。既是休闲娱乐之地，又是各种人物的活动舞台，且经常成为社会生活和地方政治的中心。

当代茶馆室内

第一节 茶馆的产生与发展

在中国，茶馆是一个古老的行业，遍及大江南北，无论是城镇还是乡村，都与人民生活的关系极为密切。在茶馆的经营活动中所产生的文化现象就是茶馆文化。茶馆文化是与茶馆的形成和发展并行的，所以要想了解茶馆文化的形成与发展就必须知晓茶馆的演变历史。

清明上河图［宋］张择端（局部，茶馆茶肆）

我国的茶馆由来已久，汉时王褒《童约》中有“武阳卖茶”及“烹茶尽具”之说。但此是干茶铺，非卖茶水的坊肆。一般认为，茶馆的雏形出现在晋元帝时，正式记述茶馆的是唐代封演的《封氏闻见录》：“自邹、齐、沧、棣，渐至京邑城市，多开店铺，煎茶卖之，不问道俗，投钱取饮”。以此看出唐时茶馆已在我国比较普遍了。但直到宋朝时，茶馆业才开始兴盛与繁荣起来，明清之际终成时尚。虽说我国是世界上最早发现和利用茶的国家，但茶饮是随着茶叶的传播而扩大的。早在魏晋以前，茶叶的产地还只限于荆楚和长江中游，茶叶的饮用主要限于贵族和富豪人家。三国两晋时，茶逐渐流向江南和浙江沿海的东部地区，茶叶的生产和饮用开始传播开来。南北朝时，茶叶及饮茶习俗已有较大发展。唐时，茶叶的种植十分普遍，朝野上下，寺观僧道，饮茶之风，盛极一时。“天下普遍好饮茶，其后尚茶成风”，如此便和普通民众的社会生活发生了联系，出现了饮茶卖茶的茶摊。茶摊的出现，一是因为饮茶已成风气，另外就是和当时的经济有关。

唐代城市经济的发展，导致商业十分发达，从京城到各大中城市，都有频繁的商业往来，商人在外经商、交往，一是要住宿，二是要谈生意，三是要解渴、吃饭。为适应这种需要，开店铺卖茶便成必然，所以唐代的茶肆还未完全独立，多是与旅社、饭店结合在一起。

饮茶风气的普及，促进了茶叶的消费与贸易。唐代“茗铺”的出现，是大众消费的一种重要方式，也是茶馆的初级阶段。

宋代茶肆、茶坊便独立经营了，几乎各大小城镇都有茶肆。宋代茶文化发展的重要贡献之一是市民茶文化的兴起和繁荣。历代茶馆的兴盛，总是与茶事的普及有关。宋代，茶叶种植很广泛，产量也随之提高不少，喝茶的人就多了，涌现出不少名茶，喝茶的兴趣也浓了。饮茶风气深入普及到社会的各个阶层，渗透到日常生活的各个角落，成为早起七件事之一。如北宋时王安石《议茶法》就称：“茶之为民用，等于米盐，不可一日以无。”还有更重要的一点是，宋代的商品经济、城市经济比唐代又有了进一步的发展。城市格局与城郭被打破，人口不断涌入城市，他们需要住宿、饮食，也需要娱乐、交流信息等，茶馆及各种服务性设施便应运而生。

由唐时“茶摊”演变而来的茶馆，到宋代已很普遍而且日益发达起来，两宋京都以及外郡、市、镇，茶楼林立，当时称茶坊、茶肆、茶房、茗坊等。宋代茶馆的繁荣，尤其以政治、经济、文化中心的京城和交通要道、货物集散的大城市为主。作为北宋都城的开封，经济、文化高度发达，城市商业空前繁荣，既是全国的交通中心，也是全国茶叶加工和转销集散地，所以茶肆十分普遍，我们可以从北宋张择端《清明上河图》中看出当时东京开封城茶坊酒肆的繁荣景象。孟元老的《东京梦华录》，则记载了开封茶坊的繁盛情形。例如在皇宫附近的朱雀门外的道路两旁，“皆居民或茶坊。街心市井，至夜尤盛。”这句话的意思是说这一代的茶馆，大都是从早开到晚，至夜市才关的全天经营的茶坊。

南宋都城杭州，茶肆更是随处可见，而且较北宋的茶馆更加讲排场，数量和形式也更多了。《梁梦录》《都城记胜》《武林旧事》等书，都记录了当时最为发达的南宋都城杭州的茶坊业的盛况。据《梁梦录》记载，南宋时杭州“处处有茶坊”。不仅如此，在其他各大小城镇，也几乎都可看见茶馆，甚至还出现了流动的茶摊、茶担，被称为“茶司”，他们或挑担或车推，流动卖茶，出入于小巷深院集墟闹市，服务的对象是普通劳动大众，茶水价廉物美。

宋代的茶馆还有几个特点：首先是茶馆的经营机制比较成熟，店主招雇的是熟悉茶技术的伙计，出现了职业化专门化的茶博士；其次是讲究经营策略，也就是为了招徕生意留住顾客，茶馆主人常对茶肆做精心的布置装饰；再次就是店家为吸引更多顾客，会安排诸多的娱乐活动招徕顾客，比如“弦歌”“说书”“博弈”等，并以此为由多下茶钱。

第二节 明清时期的茶馆

明清两代500多年，茶叶和茶政空前发展，茶叶产区进一步扩大，茶叶名品进一步增多，制茶技术发生划时代的变革，六大茶类始兴或逐步完善。同时，茶文化也有了新的形式。一是茶艺简约化，茶文化精神与自然契合占主导地位；另一方面，随着“开千古茗饮之宗”（明·沈德符）的瀹饮法的普及，茶走入了千家万户、踏进寻常巷陌，带有综合性特征的茶馆文化发展到最高峰。

清代茶庄场景

我国茶馆业发展历史久远，它是随着城市经济、市民文化的发展而兴盛起来的。唐代就开设了茶铺卖茶，只不过是和饭馆、旅社结合在一起。到宋代时茶肆、茶馆从饭馆、旅社中独立出来，其类型和功能也都是多样化的，不仅是解渴歇息之地，还具备着市民交往、消闲聚会的社会功能，与现代茶馆基本相似。

茶馆的雏形茶摊在唐代形成，到宋代已经功能齐全，形式多样了，至明代，茶馆数量更为可观。被誉为“十六世纪社会风俗史卷”的小说《金瓶梅》中，谈到茶坊之处不计其数。据《杭州府志》记载，“明嘉靖二十一年三月，杭州城有李姓者忽开茶坊，饮客云集，获利甚厚，远近效仿，旬月间开茶房五十余所。”

明代与宋代茶馆的不同在于明代茶馆更加精致典雅，对茶事十分讲究，对水、茶、器都有一定要求。张岱在《陶庵梦录》中写道：“崇祯酉，有好事者开茶馆，泉实玉带，茶实兰雪，汤以旋煮，无老汤。器以时涤，无秽器。其火候、汤候亦时有天合之者。”这段文字说的是开设在北京的“露兄”茶馆，泡茶用的是天下第一泉的玉泉水，茶叶是当时的名茶兰雪，表明当时对茶叶质量、泡茶用水、盛茶器具、煮茶火候都很讲究。明代的茶馆

柏阴试茶图［清］钮枢

明清式室内家具布置

还供应各茶点、茶果，以此吸引顾客，使饮茶者流连忘返。茶点因季节时令各有不同，有波波、火烧、寿桃、蒸角儿、艾窝窝、荷花饼、玫瑰元宵饼、檀香饼等四十余种。茶果有柑子、金橙、红菱、荔枝、橄榄、雪藕、雪犁、石榴、李子等。

明代具有划时代意义的是以散茶代替饼茶、团茶，以沸水冲泡的瀹饮法代替研末而饮的煎茶法，所谓“瀹”，重在香、味，我们现在的散茶冲泡，就是沿袭明代当时那种沸水冲泡茶叶的方法。明代茶文化走向大众的最突出的表现之一是：明朝末年，在北京的街头出现了卖大碗茶的商贩，卖茶水从此列入了三百六十行中的一个正式行业。随着茶叶加工和品饮方法的简化，茶事开始渗透到社会的各个层面，茶文化也真正普及到整个社会，并逐渐与社会生活、民族风情、人生礼仪结合起来。

明清之际，特别是清代，茶馆作为一种平民式的饮茶场所，如雨后春笋，发展十分迅速，茶馆的数量也是历史上所罕见的。清代茶馆的兴盛，自有它的基础。其中重要的原因是清代社会经济的发展与繁荣，封建统治的最终形成和巩固，而形成的相对稳定的政治局面。

我们可以从一系列数据中领略清代茶馆蔚然成风的景象。

清代江南地区，民间市井细民“终日勤苦，偶于暇日一至茶肆”，“与二三知己瀹茗深谈”；甚至有“乃竟有日夕流连，乐而忘返，不以废时失业为惜者”。据记载，光是杭州大小茶坊达800余所，北京有名的茶馆达30多座，清末，上海更多，达到66家。在乡镇，茶馆的发达程度也不亚于大城市，如江苏、浙江一带，有的全镇居民只有数千家，而茶馆可以达到百余家之多。

清代的茶馆不仅数量空前，经营模式也是多种多样的，我们以京城为例，列举几个类型。

以卖茶为主的茶馆，也就是北京人说的清茶馆，它只卖茶不售食，前来喝茶的人，以文人雅士居多。另一种是野茶馆，意即指设在郊外乡镇，或大道两旁，设备比较简陋，几间土房加上简单的桌椅、器皿等。这种茶馆，很有点茶摊的味道。还有一类是既卖茶又兼卖点心、茶食，甚至还经营酒类的茶馆。这种茶馆，很有点广东茶楼的味道，品茶尝点、喝酒吃饭，实行一条龙的服务。

明清式茶桌

清代茶馆还有一个特点，就是内设戏台，目的是为了吸引更多的茶客人，所以旧时戏园往往又称茶园。包世臣《都剧赋序》记载，嘉庆年间北京的戏园就有“其开座卖剧者名茶园”之语，并说明其结构是“其地度中建台，而三面皆环以楼。”著名京剧大师梅兰芳先生曾在回忆以前的剧场时说：“最早的戏馆统称茶园，是朋友聚会喝茶谈话的地方，看戏不过是附带性质。”

清代茶馆的经营和功能特色除了上面几种情况外，有时还兼营赌博，尤以江南集镇为多。再者，茶馆有时也充当“纠纷裁判场所。”“吃讲茶”是指邻里乡间发生了各种纠纷后，双方常常邀上主持公道的长者或中间人，至茶馆去评理以求圆满解决，有人嬉称为“民间法院”。如调解不成，也会有碗盏横飞、大打出手的时候，茶馆也会因此而面目全非。

清代时，茶馆已集政治、经济、文化等于一体。社会上各种新闻，包括朝廷要事、宫内传闻、名人逸事等都在此传播，犹如一个信息交流站。

清代是我国茶馆的鼎盛时期，茶馆是中国茶文化中的一个很引人注目的内容，风格独特的茶馆文化也就应运而生。茶馆、茶楼的普遍存在和茶俗的形成，是明清时期饮茶深入广大民众生活的最重要体现。

千百年来，茶馆既充当着文化知识传承的载体，又是人们身心休憩之地；既是大众信息传播的渠道，又是各种民事活动交流的场所。自古以来，出入茶馆者形形色色、林林总总，上至达官贵族，下至黎民百姓，既有文人雅士，也有劳苦大众；既有白发老翁，也有青年小伙。各行各业、各个层面的人都能在茶馆觅得一席之地。人们进茶馆有品茶聊天的，有解渴歇脚的，有听书看戏的，有择偶相亲的，有叙旧情的，谈生意的，不一而足。

第三节 当代兴起的茶艺馆

清末民初，由于其所处的特殊年代，茶馆业逐渐从兴盛转向了衰败。近几十年以来尤其是改革开放后，随着我国经济的繁荣，人民生活水平的提高，人们开始关心文化建设，注重生活品质的改善，使得原已沉寂的茶文化活动，又渐渐复兴起来，茶艺馆就是在这种情况下应运而生的。

成都顺兴老茶馆

在20世纪70年代，以台湾民俗学会理事长娄子匡为主的一批茶的爱好者，提出恢复弘扬品饮茗茶民俗。由此，传统茶馆开始了向当代茶艺馆的转型。并率先在台湾兴起。而在中国内地，随着改革开放和经济的不断发展，当代茶艺馆也应运而生。20世纪80年代末，这种既融合了旧式茶馆的功能又有新的创新形式的茶艺馆一经出现，立刻得到人们的欢迎。一时间，坊间街头，茶艺馆林立，豪华的装修，讲究的道具，可以说达到了空前的地步。据上海茶叶学会会刊《茶报》1999年第一期披露：1998年上海各种饮茶场所有5000处之多，茶艺馆、茶坊、茶吧已超过200多家。这两个数字表明，上海现代茶馆的兴盛景象，已超过上海开埠以来任何一个时期。全国其他各地的茶馆数量也逐渐增多，北京则有600多家，杭州地区近500家，即使江西南昌也有中等规模以上茶楼100多家。而最近统计的是，我国茶艺馆、茶坊、半茶庄式茶馆等已近6万家，年产值超过100亿元。

当代茶馆室内

当代茶艺馆承袭了传统茶馆的功能，但又有自己的特色。

①布置幽雅环境：品茗环境需要经过专家的设计及布置，各种摆设，以古朴、质实为主，还有的配合庭院盆栽，各种景观造型的艺术与美感，更能令人流连忘返，提高茶艺馆的层次。

②讲究情景气氛：为了发挥茶艺馆清净、安详的特色，创造高雅的气氛，以达到良好的品茗环境，茶艺馆还有丝、竹之声，民俗乐曲。

③完整器具品茶：在茶艺馆品茗之所以不同于在家里饮茶，除了气氛、环境外，还在于茶艺馆备有各种名茶、良好的水质和全套泡茶用具供客人选择品尝，比较研究。

④提供茶艺知识：茶艺馆不只给人一杯茶解渴，还提供完整的茶艺知识，有受过专业训练的茶艺师在场示范表演，使客人到茶艺馆里来，可以学习识茶、泡茶、享茶的方法，进而获得其他相关的知识，如民俗、音乐、陶艺、字画、艺术品等。

⑤注重服务体系：茶艺的高尚，在于它的人文精神与和乐、幽雅的气氛，在整个品茗过程中都有合乎时代要求的礼仪，衬托出茶艺的内涵。而待客之道，以谦和、平等、亲切、自然为原则，用来补救市场经济社会所造成的冷漠感，使消费者能够得到身心的享受与健康。

现在，我们仅以几个地区为例，说明一下当代茶艺馆的兴盛情况及其特点。

福建是产茶大省，茶文化历史悠久，在茶叶的生产技术上，闽茶就是唐朝茶业之牛耳，宋人蔡襄所撰的《茶录》是福建工夫茶品饮艺术最早的经典著作。始于唐而盛于宋的“斗茶”之风就源于福建建安，演变至清代，便成了闻名全国的“工夫茶”。据《厦门志》记载，福建“俗好啜茶，器具精小，壶必曰孟公壶，杯必曰若琛杯。茶叶重一两，价有贵至五番银者。文火煎之如啜酒然。……名曰功夫茶”。由于福建具有这种讲究品茗的传统，加之与台湾一海相隔又属同一语系，所以现代茶艺馆的出现也是知先行之地。如福安市，自1991年开始，便先后组织召开了几届茶文化交流会，与台湾等地的茶艺学者开展茶文化研讨会，并共同倡议，携手弘扬茶文化，振兴民族精神。

1990年，由福建省茶叶进出口公司、福建省博物馆等单位合作开办的，作为我国第一家以继承和弘扬中华民族传统茶文化为宗旨的“福建省茶艺馆”坐落在福州的西湖之畔，立即吸引了海内外人士的关注和赞赏。许多国内外茶文化学术团体先后访问这家茶艺馆，接待了不少国家的茶艺、茶道工作者，为各地培养了一大批茶艺工作者。后来，又陆续在福州出现了“别有天茶艺居”等。

杭州是浙江省会，而浙江是自古以来的产茶大省，茶事历来兴盛，因此杭州成了最早复兴茶文化推崇茶艺馆的城市。早在1990年，杭州就召开了国际茶文化研讨会；1991年，又举行了国际茶文化节，共有16个国家和地区的400多名代表出席了会议；1991年，由国家旅游局、浙江省和杭州市人民政府共同投资兴建的我国唯一的专题博物馆——中国茶叶博物馆正式开放；自1995年起，在浙江一年一度举办国际西湖茶会，等等。与此同时，杭州还出现了许多茶艺馆，其中建立最早、名气最大的，恐怕要算是1985年4月落成的，坐落于杭州植物园内的“茶人之家”了。后来，在杭州的西子湖畔陆续涌现出一大批的茶艺馆，比如湖畔居、青藤茶馆、太极茶道苑、墅园茶艺馆等，融西湖风雅于茶艺馆内。此外，更值得一提的便是点缀在秀美的茶园中的日渐兴起的农家茶楼。在别致的农家小院里，四周被漫山遍野的茶园包围：远远的山坡上散落着几个头戴草帽、背着竹篓的身影，那是采茶姑娘在茶园里劳作。杭州茶艺馆以她得天独厚的景致和文化底蕴，吸引着众多的爱茶之人，应该说，杭州目前已经成为全国公认的茶馆业做得最好的城市。每年在杭州召开的全国茶博览交易会和西湖国际茶会上，汇聚而来的各地茶人对杭州的茶艺馆有着很高的评价。

北京历史上的茶馆很多，遍及京城内外，种类繁多，功用齐全，形式各一，文化内涵丰富、深邃，而现代意义的茶艺馆，也在北京遍地开花。早在1989年，“茶与文化展示周”在北京举行，这次大会的主题之一就是茶艺交流。随着茶艺的兴盛，出现了许多茶艺馆。至1997年初，茶艺馆就有20多家，如五福茶艺馆、水连天茶艺馆、西华轩茶馆、草堂茶园、博福茶艺馆等，其中影响最大的当属五福茶艺馆。1994年五福成立，这是北京第一家茶艺馆，继之成立了第一支茶艺表演队，开办了第一个茶艺培训班，成立了第一家茶具、茶叶综合专卖店，建立了第一家茶艺馆宣传网站，开了第一家分店，第一个现场制作紫砂壶。五福茶艺馆多方面的第一，开拓了现代茶馆的经营之道，成为京城当时最有影响力的茶馆。

上海，是个现代化的大都市，她对外来文化的接受，总是走在全国的前列；而对传统文化的继承，也不落后。20世纪80年代末，上海便掀起了学习茶艺、宣传茶艺、开办茶艺馆的潮流。从1994年开始，上

杭州梅家坞茶文化村

海每年都举办一届国际茶文化艺术节，举行各种茶艺表演，普及、宣传茶文化知识。随着茶艺的普及，茶艺馆也开始出现。20世纪90年代初，豫园地区“湖心亭”茶楼“一枝独秀”，90年代中后期，豫园商城及其周边地区各式茶馆多达25家。虹口区建成多伦路名人街“景观”后，带动茶馆业的兴盛，目前名人街上有恒丰茶楼、金玲线御茶园、日式茶馆等5家特色茶楼，傍倚的四川北路上，仅路牌号1519号至2298号一段，就有各式茶馆9家。卢湾区复兴公园门前一条短短百多米的雁荡路，茶馆也开办了4家。徐汇区衡山路文化休闲街一带，欧式风情为主的茶坊、茶吧大大小小有10多家。长宁虹桥开发区内的茶馆林立，仅古北路、仙霞路、水城路、茅台路四条街上，就有大小不等的茶馆10多家。其中最能代表上海茶艺馆特色的当属宋园、汪怡记、湖心亭茶艺馆等。

西湖龙井十八颗御茶

宋园茶艺馆是上海首家茶艺馆，成立于1991年，是一家融茶文化、茶经济、茶科研于一体的茶艺馆，称得上是上海国际茶文化节发祥地，同时还被评为“全国百佳茶馆”。比宋园茶艺馆稍晚点的是汪怡记茶艺馆，她的特点是茶叶的花色品种繁多，而且集饮茶、销茶、经营、批发为一体。

以上列举的是比较典型的而且可以说是各个地方开先河的茶艺馆。今天，继中国各大城市茶艺馆的出现、发展之后，各地中小城市茶馆也依次崛起。走在各地城市街头，不时可以看到一座座格调雅致、外观独特的茶馆、茶楼、茶园、茶坊等。而茶艺馆也在复兴茶艺文化上扮演了积极且具前瞻性的角色。

第四节　茶艺馆的布局

茶艺馆是新兴行业，是在传统茶馆的基础上发展起来的，具有较高的文化品位，有着独特的引人注目之处。同时，茶艺馆又是经营性的专门品茶场所，注重商业利益，在很大程度上受地点的影响。因此，茶艺馆在布局方面存在很多特点，例如：客源情况，交通条件，地段优劣，经济状况等。而且，茶艺馆因其文化艺术氛围以及人们休闲遣兴的需要，要求周围自然景色优美，视野要好，或设在湖畔江边，或掩映在绿树竹林之中，或在风景名胜之处。即便在闹市中心、交通要道之边，也要尽量营造一个幽静舒适的环境。为此，茶艺馆往往布局在以下几种地区。

当代茶艺馆室内

1. 风景名胜区

自然景观和名胜之地，本就为人们休闲娱乐常去的地方。茶艺馆在此，具有先天的优势，可借湖光山色之景，名胜声望之势，增加历史文化氛围，适宜游人在款步之余休息品茗，从而获得上佳的经济效益和社会效益。尤其现在节假日的增多、增长，旅游消费的增加，回归自然呼声的增强，更是对茶艺馆有利。

2. 商业闹市区

这些地方商业繁荣，人流量大，交通便利，水电供应有保证，具备设置茶艺馆的基本条件。此地段是进行商业洽谈、约会聊天、逛街休闲的云集之地，自然也是茶艺馆的理想地点。但相对的，这也是价位较高、投资较大的地段。由于租金、竞争等诸多因素的压力，大多店铺设计、服务内容有自己的特色，并针对某些特定对象经营，走精品化的道路。

3. 公司密集区

公司企业较为密集的地区，茶艺馆的顾客就比较固定，主要是上班族。他们具有相当的购买力，喝茶时间也比较集中，多为午休时间或下班时间。根据这些特点，此处的茶艺馆非常强调品味，无论是整体设计，还是服务项目，都力求适合此一消费群体的口味。

4. 饮食娱乐区

位于饮食娱乐区的茶艺馆总是能吸引大批顾客，因为那是人们饮食娱乐时首先想到的地方，而且可与相关店铺形成联动经营，也有利于茶艺馆的宣传。但同时处于此地区竞争压力也大，或者与餐饮相互连接，或者与酒店形成差异，以突显特色和不同享受。

5. 居民住宅区

此地茶艺馆顾客以附近居民为主，平日的对象大多为休闲人士，是居民接待朋友的最佳地方。因而，此类茶艺馆的店铺装修以表现亲和力为主，营造一种轻松舒适的氛围，使其具有家庭外延的功能。同时，待客方式、服务态度、服务质量，强调亲情、亲切、亲和，具有归属感。

6. 城郊结合区

此类地区，既不乏城市的繁华与热闹，又有吸引长期处于闹市中人的清净与野趣。这类地方的茶艺馆，正好迎合了当今城市居民的这种心理需要，吸引一部分喜爱清净的人来休闲品茗。此外，这些地方大多有宽敞的停车条件，能够给有车一族提供便利。

茶艺馆室内设计

7. 车站集散地

车站、河埠码头等交通集散之地，客源旺盛，来来往往的乘客是最主要的顾客群。在此设立的茶艺馆，可供过往旅客在候车候船以及旅途中转之际歇脚小憩。来此的顾客以随意喝茶为主，其目的是候车歇脚。

8. 乡镇中心

随着中国城镇化的进程，乡镇的集聚效应越来越强，有品位的茶艺馆也在不断出现。人们在忙于生计之余，也会偷得半日之闲，到茶馆坐坐，享受一下生活。此类茶艺馆的设计，大多注意乡土气息，价格的定位、供茶的种类颇为适合当地人的口味。

只要懂得茶艺馆布局的一般规律，不论走到什么地方，人们都可以便捷地找到需要的茶艺馆。

在茶艺馆品茗和其他场所喝茶，具有不同的感觉和体验，举其要者，有以下几类。

一是闲逸、舒适的品茗环境。品茶历来讲究环境，或青山翠竹小桥流水，或琴棋书画，花前月下，追求一种天然而富有情趣的文雅氛围。现代都市虽难以具备这样的品茗条件，但茶艺馆作为从事茶艺的场所，往往根据经营的思路，在硬件装修方面，尽可能营造出适合于品茗需求的环境空间。

二是追求尽善尽美的茶艺境界。茶艺馆的主要功能是品茗、休闲，而不是解渴，因此，茶艺馆提供的茶大多是色泽纯正、香气清新、滋味鲜醇、外形美观的高品质茶，而不是解渴时随意在茶杯中放一把茶叶，开水一冲而成的泡茶。茶艺师精通茶艺，能识茶，辨水，懂得各种茶叶的制作工艺、固有特性及冲泡方法，冲泡出一杯高质量的茶水。

三是高水准的服务。高质量的服务，可以使客人在品茶过程中了解茶文化的知识，学会泡茶、识水，掌握水温、水量等知识，并有“宾至如归”的感觉，对茶艺馆留下美好的印象。茶艺馆与过去各种茶馆最大的差别，是把饮茶从日常生活的一部分开发成富有文化气息的品饮艺术，从饮茶艺术中体现中国人的传统精神和传统品德。在茶艺馆饮茶不仅有益于身心的健康，更是一种艺术的享受。

除上述特色外，茶艺馆还有其他的风貌，茶艺馆的环境设计以清爽、柔和、宁静为主题，强调品饮茶时应有高雅的举止和规矩，一般有这样的一些告示，“为了不影响别人，请您放低交谈的声音”“请勿躺卧”“服装不整请勿入内”，等等；除了提供各种茶叶任由客人选择外，茶具也很多，个人用盖碗，多人用小壶泡、工夫茶等；配器齐全，从煮水器、水盂、茶巾、茶则、茶匙、杯托等全套提供；茶艺馆也有茶具、茶叶、茶书籍等鉴赏或出售，还有代客养壶、寄存茶叶，举办茶艺讲座、教学、培训茶艺人员等茶文化活动。

总之，茶艺馆与过去茶馆截然不同，是小型文化的交流中心，是很好的精神文明建设场所，是展现民族文化特色的地方，是高雅的休闲生活馆。

第五节 茶艺馆的类型

茶艺馆虽然是在茶馆的基础上发展起来的，但毕竟是现代社会生活的产物，过去通行的以地域划分的方法，已经不太适用于茶艺馆。尽管各地茶艺馆仍然保留有当地的一些特色，而且也提倡茶艺馆尽量保持当地的特有风情，但随着当今社会的发展，现代气息的渗透，地方特色已非以往那么明显。依据不同的风格、装潢布局、陈列摆设以及所在地区的特性等，茶艺馆也呈现出不同的类型。

成都东韵至善美茶馆

1. 庭院式茶艺馆

庭院式茶艺馆以中国江南园林建筑为蓝本，有小桥流水、亭台楼阁、曲径花丛、拱门回廊。室内往往陈设民艺、木雕、文物、字画等，清净悠闲的氛围，有一种返璞归真、回归大自然的感觉，让人在现代工商业社会的都市里得到真正的心清神宁，令人进入“庭有山林趣，胸有尘俗思”的境界。庭院式茶艺馆的设计，令人有“庭院深深深几许”的感觉，有鹅卵石小径，有小桥、流水、有假山、亭台、拱门等，犹如江南一带的庭院，清静悠闲，与烦嚣的闹市隔绝。

2. 厅堂式茶艺馆

中国厅堂式茶艺馆的设计，以中国传统的家居厅堂为蓝本，古色古香，典雅清幽。摆设古色古香的家具，张挂名人字画，陈列古董、工艺品等，布置典雅清幽。所用的茶桌、茶椅、茶几等，古朴、讲究，有的采用红木，也有的采用八仙桌、太师椅等，反映中国文人家居的厅堂陈设让人感觉走进了书香门第的氛围。悬挂的字画一般都反映了馆主的爱好，表达了馆主的心声，宣传饮茶功效和情趣等。例如台北陆羽茶艺中心挂着一副对联：

厅堂式茶艺馆室内

事能知足心常惬

人到无求品自高

3. 乡土式茶艺馆

强调乡土的特色，追求乡土气息，以乡村田园风格为主轴，大都以农业社会时代的背景作为布置的基调，竹木家具、马车、牛车、蓑衣、斗笠、石臼、花轿等，凡是能反映乡土气味的东西就是布置

仿古式茶艺馆室内

的材料，有的直接利用已经少有人居住的古屋、古厝加以整修成茶艺馆，有的特别设计成野趣十足的客栈门面，户外是花轿、牛车；屋内是古意盎然的古井、大灶，店里的工作人员穿凤仙装、店小二装来接待客人，更有一番情趣。乡土式茶艺馆的设计，强调乡村田园风格，而且追求古老的乡土气息，愈乡土愈古老则愈吸引人。

4. 仿古式茶艺馆（包括仿唐、宋、明、清式的茶艺馆）

这类茶艺馆多以营造古代氛围来吸引消费者，如唐式茶艺馆的布置，以拉门隔间，内置矮桌、坐垫，以木板、以榻榻米为地，入内往往需脱鞋，席地而坐，以竹帘、屏风或矮墙等作象征性的间隔，顶上大都以圆形灯笼照明，有一种浓厚的古代风味。

5. 综合式茶艺馆

古今设备结合，东西形式合璧，室内室外相衬的多种形式熔为一炉的茶艺馆，以现代的科技设备创造传统的情境，以西方的实用主义结合东方的情调，这样的茶艺馆受到较多年轻朋友的欢迎。

按照不同的功能定位，茶艺馆又可以分为许多类型：宫廷式、庭院式、厅堂式、茶楼式、欧式、和式，等等，而最能体现文人风范的要算是书斋式茶室了。所谓书斋式茶室，

综合式茶艺馆室内

就是把茶室布置为书斋的式样。这种茶室，既可以置于公共场所，又可以用于家庭。书斋式茶室，是书斋，而茶却具有了书的文化内涵；是茶室，而书却飘逸着茶的芳香。

就经营内容来说，茶艺馆大约可分为单一型，综合型，混合型三种。

①单一型：将茶与文学、艺术等功能相结合在一起，经常举办各种讲座、座谈会，推广茶文化，馆内提供交谈、聚会、休闲品茗，并兼营字画、书籍、艺术品等买卖，富有浓厚的文化气息，类似某些文化交流中心，也有些类似18世纪法国沙龙，靠经营的收入来维持；但是，它有创造文化、发扬文化的理念和功能。

②综合型：不但以茶文化为名，而且以之为包装，配合季节、庆典举办各种促销活动，以企业管理方式，综合经营茶叶、茶具及品饮等的贩售，服务周到。

③混合型：以品茗为主，但也以商业经营来创造利润。因此，也经营冰茶、葡萄酒、餐点等有利可图的项目，类似于茶餐厅。

从茶艺馆经营形态来看，又大致可分为五种类型。

①品茗型茶艺馆：崇尚中国传统的饮茶风尚，讲究茶的品饮艺术。

②文化型茶艺馆：兼具社交和文化性质，与文学、艺术、社交功能结合在一起，富有文化气息。

③休闲型茶艺馆：纯为休闲、聚会、聊天的客人提供一个场所，供客人休憩、交谈之用，可以说是醉翁之意不在茶。

④茶庄型茶艺馆：原以卖茶叶或卖茶具为主，为便于客人选茶，或为了吸引客人买茶，附设茶座。

⑤艺术型茶艺馆：以卖书画或艺术品为主，设茶座作为拓销的媒介。

为了适应茶艺馆市场的竞争，茶艺馆的经营方式多采取多元化，以茶艺业为主，兼营别样，以取得商业经营的效益和推广茶文化。许多茶艺馆经营者不时以新花样招徕顾客，以求出奇制胜。通常的经营方式有兼售茶叶、茶具，兼售点心、冷饮，兼营古玩、工艺品，举办茶艺讲座，代养茗壶，开剧场茶馆，昼夜营业，音乐演奏，举办展览、文艺讲座，教打太极拳，等等。

当代茶艺馆的布置，追求与茶密切相关，既要考虑到美观、大方、有舒适感；还要有自己的地方特色，如江浙一带的吴越文化特色，山东的齐鲁文化特色，云南的民族文化特色，两广的岭南文化特色等，充分展示审美情趣和艺术氛围，满足品茶者的心理追求。从目前茶艺馆的布置来说，主要的有以下四种类型。

①回归自然型：这种布置，重在渲染野趣，强调自然美。如在品茶室房顶，缀以花草、藤蔓；墙上蓑衣、箬帽、渔具，甚至红辣椒、宝葫芦、玉米棒之类；家具多选用竹、木、藤、草制品。这种竹屋茅舍式样的布置，使人仿佛置身于山乡农舍、田间旷野、渔村海边，有回归大自然之感。

②文化（艺术）型：这种布置，给人以较强的艺术感，有文化特色，四壁可缀以层次较高的书画和艺术装饰物；室内摆上与茶相关的工艺品，即使是桌椅、茶具，也要从功能与艺术两方面加以选择。

但室内的布置与陈设，需遵循一定章法，不能有艺术堆积，纷杂零乱之感。

③民族、地域（民族风情）型：中国有56个民族，每个民族又有着自己的民族文化和饮茶风情。如藏族的木楼、壁挂和酥油茶；蒙古族的帐篷、地毡和咸奶茶；傣族的竹楼、天棚和竹筒茶等。又如富有南国风光的热带林品茶室；富有江南情调的中堂品茶室；富有巴蜀特色的木桌、竹椅和“三件套”的盖碗茶品茶室。还有进门需脱鞋，席地而坐的日本和式茶室；富有欧洲风情的欧式品茶室等，都会给品茶者带来一种异样的情调，新鲜的感觉。

④仿古（追忆）型：这种布置，目的在于满足部分品茶者的怀旧心理。目前，仿古型茶室的布置，大多模仿明、清式样，品茶室正中挂有与茶相关的画轴和茶联，下摆长条形茶几，上置花瓶或仿古品，再加上八仙桌、太师椅，庄重严谨，突显大家气派。

中国茶艺馆的风格，除了体现在环境布置、茶艺馆总体设计和布置上，还表现在具体每一间茶室的布置上。为充分显示茶室陶冶情操、令人修身养性的作用，茶艺馆在茶室布置上下一番功夫，既合理实用，又有不同的审美情趣。纵观当代中国风格茶室的布置，一般的有以下几种类型。

①中国古典式：室内家具均选用明式桌椅，材料为红木、花梨等高档木料，镶嵌大理石、螺细者更佳（资金有限者可用仿红木）。壁架可以采用空心雕刻或立体浮雕。用中国书画为壁饰，并辅以插花、盆景等各种摆设。如杭州中国茶叶博物馆的仿明茶室，是传统居家的客堂形式。正对大门以板壁隔开内外两堂，壁正中悬画轴，两侧为一副对联。壁下摆长形茶几，上置大型花瓶等饰物。长茶几正中前设八仙桌（或四仙桌），桌两侧各安太师椅一把。整个结构古朴严谨，充满大家气派。又如上海汪怡记茶艺馆的大厅茶室，雕花隔房内是茶艺表演台，大厅内设镶大理石桌面的红木桌椅；壁架

休闲式茶艺馆室内

上陈列了茶样罐和茶壶具，壁上悬挂各种字画。还如杭州墅园茶艺馆的大厅，正中用红木贝雕屏风装饰，一侧设古筝演奏台，大厅内散放桌椅；房厅正中放置红圆桌和八把红木靠背椅，壁龛上摆置着各种饰物。

②中国乡土式：这一款茶室的布置着重在渲染山野之趣，所以室内家具多用木、竹、藤制成，式样简朴而不粗俗，不施漆或只施以清漆。壁上一般不用多余饰物，为衬托气氛，墙上可以挂一些蓑衣、箬帽、渔具或玉米棒、红干辣椒串、宝葫芦等点缀，让人仿佛置身于山间野外、渔村水乡。如杭州太极茶艺馆内景，依次可见茶艺表演台、木制桌椅、壁灯和吧台。又如四川成都的一些茶馆，馆内皆为竹制桌椅；梁上悬挂小钩，供茶客挂鸟笼，边逗鸟边喝茶。

另外，中国是一个多民族国家，各少数民族有着自己独特的民族文化与饮食习惯，饮茶也有自己的特色。有的借鉴其风俗习惯，运用到茶室布置上来，展现浓郁的民族风格，让客人们在品茶之余，享受民族风情。

第六章

艺文气象

“枯肠搜尽数杯茶，千卷胸中到几车。”元代耶律楚材的《西域从王君玉乞茶因其韵七首》，写茶事、茶饮、茶味、茶功、茶情等，而这两句则写出了茶对促进“文思泉涌”的作用。文启茶思，茶为文心，茶与文学艺术也有不解之缘。

中国是茶叶的故乡，又是诗的国家。在这样的国度里，茶与诗的结缘是自然的和必然的。自古至今，许多诗人和文学家创作出无数脍炙人口的茶诗词，留下的作品不下万首。中国历代咏茶诗词具有数量丰富、题材广泛和体裁多样的特征，是中国文学宝库中的一朵奇葩。

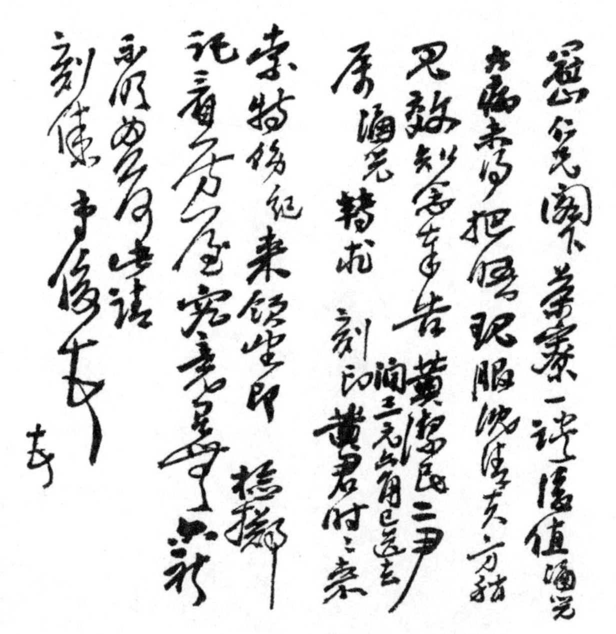

茶书法［清］吴昌硕

第一节 茶与诗歌、对联

虽然《诗经》有“荼”字的诗句是否写茶，至今尚有争论。但西晋左思的《娇女》诗中有“止为茶荈剧。吹嘘对鼎立”一句，起码从这时起有涉茶之诗则是毫无疑问的。诗中写两位娇女，因急着要品香茗，就用嘴对着烧水的“鼎”吹气。与此诗差不多年代的还有张载的《登成都楼》，有句“芳茶冠六清，溢味播九区”，本是对成都茶叶的赞美，后引申为对中国茶叶的礼赞。

停琴啜茗图［明］陈洪绶

两晋至中唐以前，茶诗寥若辰星，即使到了李白和杜甫的年代里，茶诗也不多见。李白在《答族侄僧中孚赠玉泉仙人掌茶》写有“茗生此中石，玉泉流不歇”的诗句；杜甫仅在《重过何氏五首之三》中，勾画出“落日平台上，春风啜茗时”的画面。可能在中唐以前，饮茶之风尚未普及，以茶入诗的风气还没有在文人雅士中形成。

对唐代茶饮起推动作用的，是中唐时期陆羽《茶经》的问世。自此，饮茶之风盛行，也开始进入文人雅士的生活圈，反映到文学上，就是涌现了大批以茶为题材的诗篇。当时，唐政治家、大书法家颜真卿有诗：“泛花邀坐客，酒醒宜华席，留僧想独园，不颜攀月桂……”，这是他与挚友陆羽、皎然等在月夜啜茶以诗唱和之作。同时皎然、皇甫冉、刘长卿、卢仝等，都写下了不少茶诗。卢仝的《走笔谢孟谏议寄新茶》影响最大，最为人称道的是写饮茶的感受：

一碗喉吻润。二碗破孤闷。三碗搜枯肠，惟有文字五千卷。四碗发轻汗，平生不平事，尽向毛孔散。五碗肌骨清，六碗通仙灵。七碗吃不得也，唯觉两腋习习清风生。

这首诗对提倡饮茶产生了广泛影响，所以诗也被人简称为“七碗茶歌”。在唐以后，卢仝的七碗茶歌，每每为后人所传诵。卢仝也被与陆羽并称为“陆卢”。

另外，大诗人元稹用生花妙笔把茶叶描绘得淋漓尽致，其形式在唐诗中别开生面，排列犹如宝塔：

茶

香叶，嫩芽。

慕诗客，爱僧家。

碾雕白玉，罗织红纱。

铫煎黄蕊色，碗转曲尘花。

夜后邀陪明月，晨前命对朝霞，

洗尽古人今不倦，将至醉后岂堪夸。

宝塔诗，是依次递加字数的杂体诗。元稹的这首茶诗，以“茶”字冠于塔尖，犹如埃及著名的金字塔，具有庄严肃穆之美。尤其是诗的内容与形式的完美统一，使诗更有魅力，弥足珍贵。

唐代留下茶诗最多的诗人当属白居易。据统计，白居易留下的诗共2800余首，其中以茶为主题的8首，涉及茶事的56首，这大概和白居易本人终身嗜茶有关。白居易在《琴茶》中说，他和琴、茶是“穷通行止长相伴”，所以以茶入诗是很自然的。他的茶诗如其他作品的一贯风格，朴实自然而有生活气息。如《两碗茶》：“食休一觉睡，起来两碗茶，举头看日影，日复西南斜，乐人惜日促,忧人厌年赊;无忧无乐者，长短任生涯。”又如《闲眠》：“暖床斜卧日熏腰，一觉闲眠百病销。尽日一餐茶两碗，更无所要高明朝。”再如《山泉煎茶有怀》:“坐酌冷冷水，看煎瑟瑟尘。无由持一碗，寄与爱茶人。”这些作品都表达了诗人享受饮茶乐趣以及乐天安命的清趣之味。

正所谓“诗因茶而诗兴更浓，茶因诗而茶名愈远”。唐代的吟咏茶事，既是当时饮茶风气盛行的具体体现，又对茶风和茶艺起了推动的作用。茶诗的涌现，推动了饮茶的高潮，然后又反映到诗坛上。至晚唐时，茶与琴、棋、僧、鹤、酒、竹、石等，成为八大诗料。

两宋时期，由于朝廷提倡茶饮，贡茶、斗茶之风大兴，因此，茶的诗词骤然增多，作者阵容也更为扩大，如北宋中期的著名诗人梅尧臣、欧阳修、王安石、苏轼，后期的黄庭坚，南宋的陆游、范成大、杨万里等都是茶诗创作的行家里手。宋代的茶诗茶词既反映了诗人们对茶的挚爱，也反映出茶叶在人们文化生活中的地位。

“自从陆羽生人间，人间相学事新茶”，这句广为流传的诗句出自著名诗人梅尧臣。他还有一首诗品评天下名茶：

陆羽旧茶经，一意重蒙顶。

比来唯建溪，团片敌金饼。

顾渚与阳羡，又复下越茗。

近来江国人，鹰爪夸双井。

凡今天下品，外此不览省。

蜀荈久无味，声明谩驰骋。

王士祯曾在《花草蒙拾》有云："黄集咏茶诗最多，最工。"黄指的是黄庭坚，他写以茶为主题的诗有四十多首。胡仔《苕溪渔隐丛话》说："鲁直（黄庭坚字）诸茶诗，余谓《品令》最佳，能道人所不能言，尤在结尾三四句。"这三四句是这样的："却如灯下故人，万里归来对影。口不能言，心下快活自省。"还有一首《西江月·茶》：

龙焙头纲春早，谷帘第一泉香。

已醺浮蚁嫩鹅黄，想见翻成雪浪。

兔褐金丝宝碗，松风蟹眼新汤。

无因更发次公狂，甘露来从仙掌。

此词咏茶，极力渲染茶的富贵甘美之气。黄庭坚在被贬流黔中时，还写过一首赞颂当地产茶之美的《阮郎归》：

黔中桃李可寻芳，摘茶人自忙。

月团犀胯斗圆方，研膏入焙香。

青箬里，绛纱囊，品高闻外江。

酒阑传碗舞红裳，都濡春味长。

这首词描写了从摘茶、焙茶、斗茶、藏茶直至宴会上茗杯相传的过程，最后归结为"春味长"的不尽回味之中。

在宋人茶诗、茶词中，若论艺术成就，当首推北宋时期大文学家苏轼。东坡的茶诗、词数量虽然不及黄庭坚，但他的茶诗"出新意于法度之中，寄妙理于豪放之外"（沈德潜《说诗晬语》）。如《水调歌头·咏茶》：

已过几番雨，前夜一声雷。旗枪争战，建溪春色占先魁。采取枝头雀舌，带露和烟捣碎，结就紫云堆。轻动黄金碾，飞起绿尘埃。老龙团，真凤髓，点将来，兔毫盏里，霎时滋味舌头回。唤醒青州从事，战胜睡魔百万，梦不到阳台。两腋清风起，我欲上蓬莱。

这首词对茶艺的描写最传神、最细腻、最生动，写出了品茶后飘然欲仙的神奇感觉。

而在苏轼的咏茶诗词中，最为脍炙人口的是《试院煎茶》：

蟹眼已过鱼眼生，飕飕欲作松风鸣。

蒙茸出磨细珠落，眩转绕瓯飞雪轻。

银瓶泻汤夸第二，未识古人煎水意。

君不见昔时李生好客手自煎，贵从活火发新泉。

又不见今时潞公煎茶学西蜀，定州花瓷琢红玉。

我今贫病常苦饥，分无玉碗捧蛾眉。

且学公家作茗饮，砖炉石铫行相随。

不用撑肠拄腹文字五千卷，但愿一瓯常及睡足日高时。

诗人借文字表达了对茶的痴情厚爱，只需要有一瓯好茶，喝饱睡足便是人生最大乐趣。“独携天上小圆月，来试人间第二泉”，这也是东坡为人传扬的诗句。至于“从来佳茗似佳人”的句子，还被后人与他的另一名句“欲把西湖比西子”集成一副极妙的对联。

南宋陆游写的茶诗更多，有人统计达320首以上，为历代咏茶诗人之冠。陆游常以陆羽自比，自称桑苎翁，如：“我是江南桑苎家，汲泉闲品故园茶。”“桑苎家风君勿笑，他年犹得作茶神。”以及《戏书燕几》：

平生成事付天公，白道山林不厌穷。

一枕鸟声残梦里，半窗花影独吟中。

柴荆日晚犹深闭，烟火年来只仅通。

水品茶经常在手，前生疑是竟陵翁。

陆游还有一些茶诗，描写他安于清贫甘于寂寞的情怀。如《晚秋杂兴十二首》：“置酒何由办咄嗟，清言深愧谈生涯。聊将横浦红丝碨，自作蒙山紫笋茶”。这首诗描写了作者晚年生活清贫，无钱置酒，只得以茶代酒，自己亲自碨茶的情景。

南宋由于苟安江南，所以茶诗、茶词中出现了不少忧国忧民、自节自励的内容，这也是陆游茶诗的特点之一。比如他的《啜茶示儿辈》：

围坐团栾且勿哗，饭余共举此瓯茶。
粗知道义死无憾，已迫耄期生有涯。
小圃花光还满眼，高城漏鼓不停挝。
闲人一笑真当勉，小榼何妨问酒家。

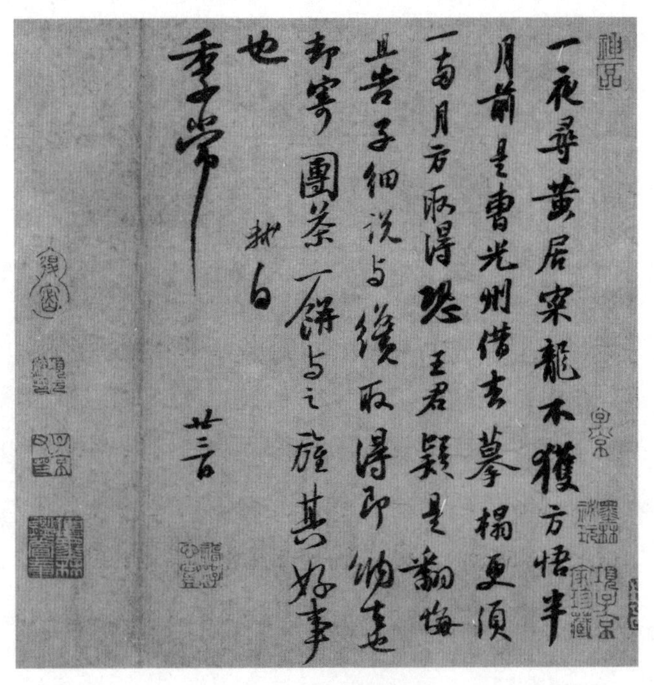

一夜贴［宋］苏轼

这首诗融合了俭约自持的生活态度和积极强烈的爱国精神，教育儿孙以茶自勉，并要有舍生取义、衷心报国的精神。

宋代理学大师朱熹，也写下许多曲尽茶妙的诗词。他品茶时，曾书一联："客来莫嫌茶当酒，山居偏与竹为邻"。他参加茶宴时，也赋诗论茗："茗饮瀹甘寒，抖擞神气增。顿生尘虑空，豁然悦心目"。他还有关于茶贩、茶灶，以及以茶为祭的诗。可见，他爱茶之切，与茶结缘之深。

元代，也有许多咏茶的诗文。著名的有耶律楚材的《西域从王君玉乞茶因其韵》七首、洪希文的《煮土茶歌》、谢宗可的《茶筅》、谢应芳的《阳羡茶》等。元代的茶诗以反映饮茶的意境和感受的居多。

耶律楚材是辽皇族后裔、元初名相，深受中原文化影响。他在西域从王君玉处获得一点好茶叶，情不自禁地一气呵成数首诗，如其中一首：

长笑刘伶不识茶，胡为买锸谩随车。
萧萧暮雨云千顷，隐隐春雷玉一芽。
建郡深瓯吴地远，金山佳水楚江赊。
红炉石鼎烹团月，一碗和香吸碧霞。

此外，元曲是元代文学的代表，在元曲中有不少作品是写意的。周德清【越调】《天净沙·嘲歌者茶茶》、乔吉【双调】《卖花声·香茶》、徐德可【双调】《水仙子·惠山泉》都是有影响的作品。特别是李德载【中吕】《阳春曲·赠茶肆》采用一组十曲的组曲形式写历代茶事，更是为人称道。

明代的咏茶诗虽不及唐宋，但比元代要多，著名的有黄宗羲的《余姚瀑布茶》、文徵明的《煎茶》、陈继儒的《失题》、陆容的《送茶僧》等。特别值得一提的是，明代的文人墨客，追求品饮环境的情景交融，他们把品茶看成是风雅而高尚的事情，认为自然环境是最基本的品茗条件。著名茶人陈继儒的《试茶》是一首很有趣的作品，诗人将整个试茶过程描绘为一个金戈铁马的战斗场面，让人看了回味无穷，不禁叫绝："绮阴攒盖，灵草试旗。竹炉幽讨，松火怒飞。水交以淡，茗战而肥。绿香满路，永日忘归。"

清代茶诗数量众多，也有许多诗人如郑燮、金田、陈章、曹廷栋、张日熙等的咏茶诗，亦为著名篇章。特别是清代爱新觉罗·弘历，即乾隆皇帝，茶在他的生活中，具有重要的地位。相传，当他85岁要退位时，一位大臣谄媚地说："国不可一日无君呀。"乾隆皇帝回答说："君不可一日无茶呀。"他六下江南，曾五次为杭州西湖龙井茶作诗，其中最为后人传诵的是《观采茶作歌》诗：

火前嫩，火后老，唯有骑火品最好。

西湖龙井旧擅名，适来试一观其道。

村男接踵下层椒，倾筐雀舌还鹰爪。

地炉文火续续添，干釜柔风旋旋炒。

慢炒细焙有次第，辛苦工夫殊不少。

王肃酪奴惜不知，陆羽茶经太精讨。

我虽贡茗未求佳，防微犹恐开奇巧。

皇帝写茶诗，这在中国茶叶文化史上是少见的。而且，清代龙井茶风行天下，也与这位皇帝的褒扬密切相关。

至于现代，咏茶诗篇也是很多的，如朱德的《看西湖茶区》和《赞庐山云雾茶》、陈毅的《梅家坞即兴》、郭沫若的《赞高桥银峰茶》，以及赵朴初、启功、爱新觉罗·溥杰的作品等，都是值得一读的好茶诗。

楹联，又称对联，茶联即是以茶为内容的对联。据考证，茶联的出现大概在宋代，但数量比较多的是在清代。这些茶联涉及茶、水、火、器等，还有写茶人、茶艺、茶道的，细读品味，有很高的欣赏价值，现抄录部分如下：

客至心常热，人走茶不凉。

一杯春露暂留客，两腋清风几欲仙。

独携天上小圆月，来试人间第二泉。

欲把西湖比西子，从来佳茗似佳人。

剪取吴淞半江水，且尽卢仝七碗茶。

半壁山房待明月，一盏清茗酬知音。

花间渴想相如露，竹下闲参陆羽经。

竹雨松风蕉叶影，茶烟琴韵读书声。

看水浒想喝大碗酒，读红楼举杯思品茶。

美酒千杯难成知己，清茶一盏也能醉人。

龙井云雾毛尖瓜片碧螺春，银针毛峰猴魁甘露紫笋茶。

小天地，大场事，让我一席；

论英雄，谈古今，喝它几杯。

四大皆空，坐片刻无分尔我；

两头是路，吃一盏各自东西。

小住为佳，且吃了赵州茶去；

曰归可缓，试同歌陌上花来。

品茗图［清］吴昌硕

四方来客，坐片刻无分你我；

两头是路，吃一盏各自东西。

山好好，水好好，开门一笑无烦恼；

来匆匆，去匆匆，饮茶几杯各西东。

处处通途，何去何从？求两餐，分清邪正；

头头是道，谁宾谁主？吃一碗，各自西东。

为名忙，为利忙，忙里偷闲，且喝一杯茶去；

劳心苦，劳力苦，苦中作乐，再倒一杯酒来。

世间重担实难挑，菱角凹中，也好息肩聊坐凳；

天下长途不易走，梅花岭上，何妨歇脚品斟茶。

来为利，去为名，百年岁月无多，到此且留片刻；

西有湖，东有畈，八里程途尚远，劝君更尽一杯。

这些茶联，有的是采用前人诗句，也有的是重新创作；有的悬挂客厅，也有的是用于茶馆；有的带有通用性，也有的是有所专指；有的是内涵深邃，也有的是机智风趣。

清代，“扬州八怪”之一的郑板桥，能诗、善画，又懂茶趣，善品茗，他一生中写过许多茶联，其中有不少为佳作，如：“从来名士能评水，自古高僧爱斗茶。”相传以下为他的部分的茶联：

汲来江水烹新茗，买尽青山当画屏。

扫来竹叶烹茶叶，劈碎松根煮菜根。

墨兰数枝宣德纸，苦茗一杯成化窑。

雷文古泉八九个，日铸新茶三两瓯。

楚尾吴头，一片青山入座；

淮南江北，半潭秋水烹茶。

俗话说文如其人。同样，茶联也如其人。这些茶联有文雅之气，君子之风，我们品味其犹如与文人雅士倾心交流。

第二节 茶与散文、小说

中国是散文大国，先秦诸子就有许多佳构名篇。历代描写茶事的散文，也是异彩纷呈。目前所见，起码在唐代就有专门的茶事散文，宋元明清长盛不衰。其名篇如唐代顾况的《茶赋》、吕温的《三月三日茶宴序》、斐汶的《茶述》，北宋梅尧臣的《南有嘉茗赋》、苏东坡的《叶嘉传》、唐庚的《斗茶记》，元代杨维桢的《煮茶梦记》，明代周履靖的《茶德颂》、张岱的《陶庵梦忆》的“闵老子茶”“兰雪茶”，以及清代梁章钜的《品茶》，都各显千秋。这些作品，或长于叙事，或重于感怀，或以史料价值而传世，或以艺术魅力而感人。

茶山风光

近代关于喝茶、吃茶的散文，不绝如缕，特别是20世纪30年代起，更为大观。阿英的《吃茶文学论》本意为批评，却透露出一时之热闹："新文人中，谈吃茶，写吃茶文学的，也不乏人。最先有死在'风不知向那一方面吹'的诗人徐志摩等，后有做吃茶文学运动，办吃茶杂志的孙福熙等"周作人从《雨天的书》时代（1925年）开始作"吃茶"到《看云集》出版（1933年）时，还在"吃茶"。

老一辈作家中，鲁迅、周作人兄弟俩，还有散文耆宿梁实秋、苏雪林等，都写过《喝茶》的同题散文。吃茶、喝茶虽是生活中的普通之事，但在文人的笔下，茶味是很复杂的，可以"喝"出许许多多想不到的东西来，而且各有各的"喝法"，因此也就各有各的滋味。

收录于《准风月谈》中的鲁迅的散文《喝茶》，其中有一段话，被人引用最为频繁："有好茶喝，会喝好茶，是一种'清福'，不过要享这'清福'，首先就须有功夫，其次是练习出来的特别感觉。"虽然鲁迅在文中所表达的是有茶喝，本身就是一种"清福了"！确切地说，他是借喝茶来道明一种生活观。"茶"实为一种"生活"，

茶书法［清］金农

一种追求真实自然的“粗茶淡饭”，而不是斤斤于百般细腻的所谓“功夫”。但有不少人却以此为据，说明鲁迅是如何如何精通喝茶的。

鲁迅的《喝茶》写于1933年，而在1924年，周作人就有《喝茶》一文，虽是同题的文章，同样的清茶一杯，兄弟俩喝出的感觉竟有天壤之别。“喝茶当于瓦屋纸窗下，清泉绿茶，用素雅的陶瓷茶具，同二三人共饮，得半日之闲，可抵十年的尘梦。”可见，还是知堂老人对“清福茶”体味有加，喝茶的闲趣清新淡雅，丝丝入扣，文字读来很有滋味，令人赏心悦目。

写茶馆的散文也不少。茶馆，在中国文人心目中，是“代表东方人的，具有中古气味的”（钟敬文《茶》）。钟先生还将茶馆与代表西方人生活情调的咖啡馆做一比较，说“一壶绿茶，两三朋侣，身体歪斜着，谈的是海阔天空的天，一任日影在外面慢慢地移过。似乎此刻只有闲裕才是他们的。”而汪曾祺先生的《泡茶馆》更是把茶馆当着他小说中人物的诞生地了：“如果我现在还算一个写小说的，那么我这个小说家是在昆明的茶馆里泡出来的。”

无论是很会喝茶的或是不会品茶的，不少作家都写过茶散文。除了上面提及的外，还有冰心、林语堂、秦牧、杨绛、黄裳、陈从周、邹获帆、董桥、林清玄等，尽管读起来感觉迥然，情趣各异，但无疑是散文天地中一道很难得的风景。老作家李国文的《茗余琐记》，写道：“茶是好东西，在人的一生中，它或许是可能陪伴到你最后的朋友”，以饱经沧桑的人生阅历来印证茶与人生的不解之缘，更是引起人们的共鸣。

综观中国小说的发展历程，既有专门的茶事小说，又在许多优秀小说名著中，有很多关于茶的细腻描述。这些作品，有的反映出茶在各个时代人民生活中的地位，也有的对于刻画人物形象，推进情节发挥重要作用，都具有积极的历史认识价值和艺术审美价值。茶事小说的源头可以追溯到1700多年前的魏晋时期。成书年代最迟

煮茶图［明］丁云鹏

不晚于东晋永和初年的干宝《搜神记》，就有“夏侯恺死后饮茶”的神异故事。魏晋志怪小说叙述茶事，多为集“古之仙人”的神仙故事。而唐代随着茶风大盛，茶道大行，茶事多进入轶事小说。宋元时期，茶事多见之于笔记小说集。明清时期，众多的传奇小说和章回体小说，不约而同地出现描绘茶事的章节。被誉为“十六世纪社会风俗画卷”的《金瓶梅》，谈到茶坊等与茶事有关的就多达629处。元末明初施耐庵的名作《水浒传》中，对宋代各阶层人民以茶待客，及当时寺院和城镇开设的茶坊招待顾客等情况都有生动的描绘。

清代小说也有大量的茶事描写，蒲松龄的《聊斋志异》、李汝珍的《镜花缘》、李绿园的《歧路灯》、文康的《儿女英雄传》、西周生的《醒世姻缘传》等作品，无一例外地写到“以茶待客”“以茶祭祀”“以茶为聘”“以茶赠友”等。在吴敬梓的《儒林外史》、李宝嘉的《官场现形记》等许多作品中，也都有关于茶在当时书场、茶馆，以及在喜庆婚丧和官场应酬等情况的不同表述。而被鲁迅先生赞为“叙景状物，时有可观”的刘鹗的《老残游记》，对清末社会茶馆饮茶习俗等都进行了忠实的描绘，其中如第九回《一客吟诗负于面壁，三人品茗促膝谈心》，对饮茶人的感受写得非常细腻、贴切。而《儒林外史》第四十一回中，有写南京秦淮河夜间茶市，更是栩栩如生，仿佛身临其境。

曹雪芹的名著《红楼梦》，被誉为“百科全书”式的作品，在写茶事方面也堪为翘楚。这部书谈及茶事的有三百多处，几乎每回都有提到茶与茶事，这些描写不仅刻画出不同人物的不同社会地位、性情性格，也从不同的侧面反映了明清时期的茶文化，折射出茶事在当时人们生活中占据着重要地位。《红楼梦》中对茶事的描写，可以说是其他作品都无法企及的。著名红学家胡文彬先生曾在《茶香四溢满红楼——〈红楼梦〉与中国茶文化》的长篇论文中，归纳为：以饮茶表现人物的不同地位和身份，以饮茶表现人物的心理活动和性格，以茶为媒介表现了人物之间的复杂关系，字里行间渗透着强烈的对比，从饮茶、喝茶中看人物的知识和修养。通观全书，真是“一部《红楼梦》，满纸茶叶香”。

茶事小说并非中国的“专利”，茶在国外的小说中也有不少动人的描写。如名作家狄更斯的《泼克维克传》、女作家辛克蕾的《灵魂的治疗》，对茶都有别具风采的描写。在埃斯米亚、格列夫的作品里，提到饮茶的多至四十多次。俄国小说家果戈理、托尔斯泰、屠格涅夫于作品中以饮茶作为转折处桥梁的，也不亚于英国作家。中外茶事小说与小说中的茶事，也是比较文学研究的好材料。

在现代小说中，茶事记叙也屡现笔端。如著名文学家、思想家鲁迅的《药》，其中许多情节都发生在华老栓开的茶馆里。李劼人

茶舞表演

的《死水微澜》有关茶事的描写，正是古典中国的一个缩影。沙汀的短篇小说《在其香居茶馆》里，以茶之“雅”来反衬人物之“俗”，是要在小小的茶馆中演义出社会的“闹剧”。此外，郁达夫、巴金等众多名家的作品，也可找到诸多茶事的踪迹。

当代小说创作中，20 世纪 50 年代的茶事小说代表是陈学昭的长篇小说《春茶》。作者着力描写浙江西湖龙井茶区从合作社到公社化的历程，既写出了茶乡、茶情、茶趣、茶味，也使人们对于龙井茶区的历史发展阶段有清晰的认识。20 世纪 80 年代以来，一些有影响的刊物发表了一批茶事小说。如邓晨曦的《女儿茶》，曾宪国的《茶友》，潮清、蔡培香的《茶引茶香》，唐栋的《茶鬼》，宋清海的《茶殇》和寇丹的《壶里乾坤》。而代表当代茶事小说最高成就的是王旭烽的《茶人三部曲》。这是中国迄今为止唯一反映茶文化的鸿篇巨制，分为《南方有嘉木》《不夜之侯》和《筑草为城》三部。全书以绿茶之都杭州忘忧茶庄的历代茶人的风貌和命运为主线，从清末一直写到 20 世纪“文化大革命”时期，勾画出近现代和当代史中国茶人的生命历程，展示中华茶文化作为中华民族精神的重要组成部分，在特定历史背景下的深厚力量。小说出版后好评如潮，先后获得“五个一工程奖”和中国长篇小说创作的最高奖项——茅盾文学奖。

第三节 茶与歌舞、戏剧

歌舞与戏剧是不同的艺术样式，但两者又有相通性。茶歌舞与茶戏剧同样有这种相异与相通性。

韩熙载夜宴图［五代］顾闳中

茶歌、茶舞是由茶叶生产、饮用这一主体文化衍生而来的，最早的歌咏茶叶的茶歌，现已无法考证。从皮日休《茶中杂咏序》“昔晋杜育有荈赋，季疵有茶歌”的记叙中可知，茶歌的起始不会晚于陆羽时期，并是文人的创作。但可惜的是，这首茶歌早已散佚。在《全唐诗》中虽能找到如皎然的《茶歌》、卢仝的《走笔谢孟谏议寄新茶》、刘禹锡的《西山兰若试茶歌》

等，虽是茶诗，但非现代意义上的茶歌。

茶歌的又一来源，是由谣而歌，民谣经文人的整理配曲再返回民间。元代周德清的《中原音韵》乐府三五章中辑有《采茶歌》曲牌，说明民间流行的采茶歌已被收乐府。明代汤显祖在浙江遂昌任县令时，赠友人诗有句："长桥夜月歌携酒，僻坞春风唱采茶。"可见文人也唱民间采茶歌，却无法知晓其内容。我们现在能够见到茶歌全文的，是明代杭州富阳一带流传的《贡茶鲥鱼歌》。这首歌是明正德九年（1514年）按察佥事韩邦奇根据《富阳谣》改编而成的。歌词曰：

富阳江之鱼，富阳山之茶，鱼肥卖我子，茶香破我家。采茶妇，捕鱼夫，官府拷掠无完肤。昊天何不仁，此地一何辜？鱼胡不生别县，茶胡不出别都？富阳山，何日摧？富阳水，何日枯？山摧茶亦死，江枯鱼始无！呜呼！山难摧，江难枯，吾民何以苏！

歌词唱出了富阳人民采办贡茶和捕捉贡鱼所遭受的侵扰和痛苦，是运用歌谣对官府横征暴敛、民众苦不堪言的怒吼与抗争。

茶歌主要是由茶农和茶工自己创作的民歌或山歌。每到采茶季节，一首首优美的采茶歌便会荡漾在茶山上，陪伴着劳作在茶园里、田野中的采茶的姑娘和小伙子。茶歌的风格多样，有的节奏悠长徐缓，曲调流畅；有的曲调高亢，欢快活泼。江西、福建、广东等地，是茶歌的主要流行区。早在清代，李调元的《粤东笔记》中，便有粤东采茶歌舞活动的记载。清道光四年（1824年），陈云彰等修的《武宁县志》中就收录了一首茶歌：

南山顶上一株茶，
阳鸟未啼先发芽。
今年姐妹双双采，
明年姐妹适谁家？

县志评价这首茶歌："词意缠绵，得风人之遗，风韵殊胜"。

像其他民歌、山歌一样，茶歌中也有许多歌唱爱情的内容。如江西武宁茶歌："韭菜开花卵蓬蓬，妹恋情歌不怕穷。只要你我情意在，冷水泡茶慢慢浓，只要人穷去不穷。"湖北大冶也有类似采用同样艺术手法表现爱情的茶歌："高坡修屋不怕风，有心恋郎不怕穷。只要两人情谊好，冰水泡茶慢慢浓。"

在茶歌中，以《十二月采茶歌》最为出名，许多地方都有流传。记载在《光绪永明志》卷三的这首茶歌具有一定的代表性："正月采茶是新年，奴把金叉典茶园，典得茶园二十亩，当典契书两吊钱……四月采茶茶正旺，男也忙来女也忙，郎在水田插秧忙，奴在茶山怕茶黄……十二月采茶又一年，手托茶盘收茶钱，各位茶钱还给我，让我夫妻好团圆。"

当然，茶歌中占主导的是关于茶区劳动的歌，赞美茶叶的歌。江西永新茶歌唱道："春天采茶嫩又鲜，姐妹双双进茶园。喜摘新茶手不停，唱起茶歌甜津津。"歌唱的是采茶之美。又如景德镇茶歌《采茶忙》中唱道："年年都有桃花三月天，今年的桃花比不上茶叶鲜，采茶的姑娘爱茶山，茶山代代乐无边。"这首民歌至今仍在传唱。再如星子茶歌则唱出了茶农的辛勤和追求："六月采茶热难当，一身汗水湿衣裳。种茶

中国茶文化第一村 江西婺源上晓起村

莫怕伏天苦，杨柳树下好乘凉。”此外，还有的茶歌则反映过去茶农的痛苦生活，如湖北大悟茶歌：“茶味望青人望亮，茶叶不青天元光。天不亮来生活苦，一辈子到头好凄惶。”这类茶歌，在现代大量存在。

近年来，台湾还流行一些新编茶歌，对宣传茶的功效颇有作用，其中一首如下。

晨起一杯茶哟，振精神，开思路。

饭后一杯茶哟，清口腔，助消化。

忙中一杯茶哟，止干渴，去烦躁。

工余一杯茶哟，舒筋骨，除疲劳。

这虽说是仿民间歌谣体，但与原始的茶歌风味大不相同。

茶舞是采茶舞的简称，民间又称为“采茶灯”，约在明末清初时期形成。茶灯和马灯、霸王鞭等是旧时汉族常见的民间舞蹈形式，流行于江西、安徽、江苏、浙江、福建、湖南、湖北、广东、广西等主要产茶省区。茶舞是在采茶歌基础上发展起来的，由歌、舞、灯所组成的民间灯彩，由八个或十二个娇童饰茶女，手擎茶灯唱《十二月采茶歌》，并跳采茶舞蹈。清代吴震方《岭南杂记》中对采茶灯有生动记载：“潮州灯节，有鱼灯之戏。又每夕各坊市扮唱秧歌，与京师无异。而采茶歌尤为妙丽，饰娇童为采茶女，每队十二人，或八人，手擎花篮迭进而歌，俯仰抑扬，备极妖妍。有少长二人为队首擎绿灯，缀以扶桑、茉莉诸花，采女进退行止，皆视队首。”可见，采茶灯虽然和采茶歌有艺术传承，但两者又有所不同。采茶歌是在日常劳动时歌唱，是为了促进劳动效率而自娱自乐的；而采茶灯是新春佳节和闹元宵时为观众演唱的。采茶歌仅仅是口头歌唱的，是曲调和歌词的组合，并且有时会现编词现演唱，带有即兴式；而采茶灯则是综合性的表演艺术，有曲调、有歌词，有舞蹈动作，有灯彩工艺，演员还有专门的演出服饰，是具有很强娱乐性和观赏性的艺术活动。

采茶舞同样有浓郁的地域性。仅以江西为例，以称呼方面来看，就名目繁多。如赣北、赣中叫“采茶灯”，赣东叫“跳茶灯”，赣南叫“茶篮灯”，而赣西叫“茶灯闹春”。在表演形式上，各地也有不同特色。如清代同治《铅山县志》记载：“河口镇更有采茶灯，以秀丽童男女扮成戏出，饰以艳服，唱采茶歌，以足怡耳悦目。”而在清代的新昌（今宜丰县），采茶舞的表演更为繁杂，清乾隆《新昌县志》记载：“上元日灯节，自十一日至十五日止，结竹枝为灯棚菘毬灯，陈设门屏间，侑以箫鼓，小儿手擎则又杂用鼓、刀、莲花、鱼、龙诸样游戏街衢，唱采茶曲”真是一派盛大气象。

采茶戏是在民间歌舞和民间彩灯调的基础上，吸收当地和外地戏种及民间说唱艺术的成分形成的，约产生于明末清初时期的采茶戏的发展经历过既有灯彩又有采茶戏的“灯戏阶段”，由二女一男演出小型剧目的“三脚班阶段”，含有生、旦、净、末、丑五个行当，半演京戏半演采茶戏的“半班阶段”。可以说，采茶戏是世界上唯一由茶事发展产生的独立的戏种。

根据流行地区的不同，有江西采茶戏、闽西采茶戏、粤北采茶戏、桂南采茶戏及黄梅戏采茶戏等。而以江西采茶戏最为著名，流传最广、流派最多，有抚州采茶戏、萍乡采茶戏、九江采茶戏、武宁采茶戏、吉安采茶戏、宁都采茶戏、赣南采茶戏、高安采茶戏、景德镇采茶戏等。其中最具代表性的当属赣南采茶戏，它不仅活跃于赣南，而且流行于粤北、闽西一带。它起源于300多年前江西安远县九龙山一带，是以“九龙茶歌”为基础，吸收赣南其他民间艺术逐步形成的。为了增强戏剧故事性，还将原有的小戏逐渐发展成大型的歌舞采茶戏。从表演艺术来看，赣南采茶戏中的舞蹈动作如“矮子步”“扇子花”和“单袖筒”最具特色。“矮子步”是从上山采茶的前蹲步伐和挑担压肩的形体动作提炼成的艺术身段，以双腿前蹲，脚跟提起，脚尖落地，向前移动为特征。“扇子花”

茗园赌市图 [宋] 刘松年

是以扇子表演各种舞蹈动作，艺人们把"扇子花"艺术形态归结为："过头象葵花，落地滚西瓜。平舞似流水，左右如月挂"。"单袖筒"是赣南采茶戏的独特服饰，源于茶农右手采摘，左手用长袖筒时而遮日，时而盛茶的劳动生活加工提炼的。"单袖筒"用于男角左手穿戴，灵活多变，形象易懂而具有艺术魅力。曲牌分茶腔、灯腔、路腔和杂调四类，这种戏种适合载歌载舞，有着浓郁的生活气息和地方特色，许多剧目为喜剧，其中《茶童戏主》已被拍摄成戏剧电影。可以说，茶对戏曲的影响，直接产生了采茶戏这种戏种。

除了采茶戏外，其他剧种也有反映茶事内容的，最有代表性的是老舍先生的著名剧作《茶馆》。老舍的《茶馆》创作于 1956 年，他以茶馆为载体，以小见大，反映社会的变革，是"吃茶"使各种人物、各个社会阶层和各类社会活动聚合在一起。《茶馆》的艺术价值不仅在于通过一个茶馆反映了一段历史时期的社会变革，同时也在于反映了社会变革对茶馆经济和茶馆文化的影响。经过北京人民艺术剧院艺术家的精彩演出，《茶馆》以炉火纯青的艺术感动着观众，成为剧院的保留剧目，并被拍摄成电影。

第四节 茶与绘画、书法

中国以茶为题材或与茶有关的绘画，是古代绘画宝库中重要的珍藏之一。这些作品与其他绘画一样，具有悦目怡情的审美功效，还对研究饮茶习俗有很高的价值，并为了解当时的社会生活提供了形象的资料。而现存或有文献记载的多为唐及唐代以后的作品，至今能查证的清代以前的茶画在120幅以上。现存与茶有关的最早画卷是唐代周昉创作的《调琴啜茗图》，描绘宫廷妇女品茗听琴的悠闲生活。此外，无名氏的《宫乐图》（又称《会茗图》）、阎立本的《萧翼赚兰亭图》、韩闳中的《韩熙戴夜宴图》都有与茶相关的内容。

事茗图［明］唐寅

惠山茶会图［明］文徵明

宋代以茶为题材的绘画作品，不仅有相关的文字记载，而且存画量也逐渐多了起来。现存宋代最完整的茶事作品，首推北宋的“妇女烹茶画像砖”（亦称砖雕《煮茶图》）。画面为一个高髻宽领长裙妇女，在一个炉灶前烹茶，灶台上放有茶碗、茶壶，妇女手中还一边擦拭着茶具。整个造型显得古朴典雅，用笔细腻。与此砖雕煮茶场面十分相像的，还有宋徽宗的《文会图》，这幅作品描绘了盛大的文人聚会场面，文士们围坐在巨大的黑漆桌旁品茗交谈，画面前景中心是点茶的场面。

在南宋，著名画家刘松年是目前所知创作茶画最多的，传世的茶画有《撵茶图》《茗园赌市图》，现均藏于台北故宫博物院。据记载，刘松年还有过一幅作品《斗茶图卷》，遗憾的是没有流传下来。

不过元代的著名画家赵孟頫的同名画作《斗茶图》则流传了下来。《斗茶图》中仅画四个人物，旁边放着几副盛放茶具的茶担，左前一人持茶杯，一手提一茶桶，袒胸露背，显得满脸得意的样子。身后一人手持一杯，一手提壶，作将壶中茶水倾入杯中之态。另两人站一旁，双目注视前者。从衣着和形态上看，斗茶者似把自己研制的茶叶，拿来评比，斗志昂扬，姿态认真。很显然，这幅画受了刘松年《斗茶图》，尤其是《茗园赌市图》的影响。而赵孟頫的《斗茶图》也影响很大，后人多有模仿。元代钱选的《卢仝煮茶图》、赵原《陆羽烹茶图》都各有特色，流传至今。

宋元之间还值得一提的是宋辽金元墓葬的茶事壁画，他们大多出土于河南、河北、内蒙古、北京等地。如河北宣化下八里辽墓壁画数量较多，内容丰富，真实全面地反映了当时点茶技艺的各方面。北京金代墓葬的《点茶图》壁画，是一幅正面表现注水点茶的作品。内蒙古赤峰沙子元墓出土的点茶壁画是难得的元代点茶图。

明代以茶为题材的绘画，一般以唐寅的《事茗图》、文徵明的《惠山茶会图》和丁云鹏的《玉川煮茶图》为代表。

唐寅，明代“吴中四才子”之一，擅长绘画、书法，且能诗文，他嗜好饮茶，曾不惜倾囊买舟，前往洞庭湖，用翠峰“悟道泉”之水煮东山茶，开怀畅饮。他的著名茶画有《陆羽烹茶图》《事茗图》等。《事茗图》画的是一山清水秀的村庄，在一椽精雅的茅屋中，一个人聚精会神地倚案读书，舍内一个童子正在煽火烹茶，室外应邀前来品茗的老翁正杖策前来。画面左侧，题诗写道：“日长何所事，茗碗自赍持。料得南窗下，

玉川煮茶图［明］丁云鹏

清风满鬓丝。”诗情画意，隐逸脱俗，流露出生活中的主人和来客的共同爱好和情趣。

文徵明，山水画宗师，亦为明代“吴中四才子”之一。文徵明素有嗜茶、自得自乐的闲情逸致。他的传世作品《惠山茶会记》，就是因为与友人品赏新茶而萌动了创作的欲望。他在署款中写道：“嘉靖辛卯，山中茶事方盛，陆子傅过访，遂汲泉煮而品之，真一段佳话也。”正是由于与好友煮茶品茗，促膝清谈，极一时之雅兴，才有纪实之佳作。在另一幅诗画合璧，堪与媲美的《茶具十咏图》中，文徵明也特意在题话中写道：

嘉靖十三年，岁在甲午，谷雨前三日，天池虎丘茶事最盛，余方抱疫，偃息一室，弗往与好事者同为品试之会。佳友念我，走惠二三种，乃汲泉吹火烹啜之，辄自第其高下，以适其幽闲之趣。偶忆搪贤皮陆辈茶具十咏，因追次焉。非敢窃附于二贤后，聊以寄一时之兴耳。漫为小图，遂录其上 。

一场雅集，一段茶情，促使一幅名作问世。

《玉川煮茶图》为明代晚期画家丁云鹏所作。画卢仝在修篁蕉叶下执扇候火，“纱帽笼头自煎吃”。画面是花园的一角，两颗高大芭蕉下的假山前坐着主人卢仝，即玉川子，一个老仆提壶取水而来，另一老仆双手端来捧盒。卢仝身边石桌上放着待用的茶具。他左手持扇，双目凝视茶壶。其悠闲情趣，跃然纸上。

清代的茶画因距今较近，流传下来的多。无论是清初的“四王”，还是后来的扬州“八怪”，在他们的作品中都能找到茶叶题材或有茶事器物的画作。不过，现在常提到的是乾隆年间薛怀所的《山窗清供》图。此画中有大小茶壶及茶盏各一，画外题有五代胡峤诗句：“沾牙旧姓余甘氏，破睡当封不夜喉”。

清代“扬州八怪”之一的郑板桥，他“最爱晚凉佳客至，一壶新茗泡松萝。”即使在他以绘画为生之时，也是“一盏雨前茶，一方端砚，一张宣纸，几笔折枝花”，啜茗凝神，涂抹作画。

清乾隆时期宫廷画师金廷标，茶画作品有《品泉图》《鬻茶图》《洗砚烹茶图》等，其中《品泉图》因意境清新，笔法圆润，气韵生动而获好评，连乾隆皇帝都为之题诗。

随着茶叶在世界广泛传播，茶画也在其他国家流行开来。日本以茶为题材的绘画多仿中国画，如《明惠上人图》。《茶旅行》手卷，如图，日本历史上每年进贡茶叶的礼节共十二景。还有与茶有关的以达摩为题材的各种形象的佛像画，在日本也很风行。另外，西川裕信的《菊与茶》也是杰出的作品。

欧美各国到18世纪开始出现以茶为题材的绘画，如爱尔兰画家N• 霍恩的《饮茶图》，摩兰的名画《巴格尼格井泉之茶会》，现藏于维多利亚阿尔培博物馆中的名画《村舍内》以及苏格兰画家D• 维尔奇的《茶桌之愉快》等。美国纽约大都会美术博物院中悬有两幅茶画，一为恺撒的《一杯茶》，另为派登的《茶叶》。比利时皇家博物院藏有《春日》《俄斯坦德之午后》《人物与茶事》及《揶揄》等多幅以茶为题材的名画。前苏联列宁格勒美术院中也悬有艺术家戈基尔的《茶室》。

以茶事为题材所创作的绘画作品，我们称之为茶画。那么，专门以茶诗、茶字为题材的书法作品，我们则称之为茶书法。许多大书法家都有“茶帖”，或者以书法写茶诗为表现自己艺术思想的手段。

茶与书法早已结缘。在陆羽编写《茶经》之时，书法家就积极参与到茶文化活动中来。唐代是书法艺术盛行时期，也是茶叶生产的发展时期。书法中有关茶的记载日渐增多，其中比较有代表性的是唐代著名的狂草书家怀素和尚的《苦笋帖》。这是一幅信札，上曰:“苦笋及茗异常佳，乃可径来，怀素上。”全帖只有十四个字，长25.1厘米，宽12厘米，现藏于上海博物馆。

宋代，在中国茶业和书法史上，都是一个极为重要的时代，可谓茶人迭出，书家群起。茶叶饮用由实用走向艺术化，书法从重法走向尚意。不少茶叶专家同时也是书法名家，比较有代表性的是“宋四家”之一的蔡襄(君谟)。蔡襄以督造小龙团茶和撰写《茶录》一书而闻名于世。而《茶录》本身就是一件书法杰作，问世后，抄本、拓本很多。见诸记载的有：“宋蔡襄书《茶录》帖并序……小楷。在沪见孙伯渊藏本，后有吴荣光跋，宋拓本，摹勒甚精，拓墨稍淡。此拓本现或藏上海博物馆”（《善本碑帖录》）。在北京故宫博物院里，也藏有一卷《楷书蔡襄茶录》，高34.5厘米，长128厘米，纸本，无款。

苏东坡是茶文化大家，是著名诗人,也是书法圣手,居“宋四家”之首。苏轼的《啜茶帖》

太平春市图［清］丁观鹏

老龙井

也称《致道源帖》，是苏轼于元丰三年（1080年）写给道源的一则便札，22字，纵分4行，纵23.4厘米，横18.1厘米。该帖不仅是苏轼书迹中的一件杰作，也是茶文化的一件珍贵资料。现藏于故宫博物院。

宋代著名书法家、"宋四家"之一的黄庭坚，有一幅书法作品，现被上海博物馆收藏。其诗曰：

要及新香碾一杯，不应传宝到云来。
碎身粉骨方余味，莫压声喧万壑雷。
风炉小鼎不须摧，鱼眼常随蟹眼来。
深注寒泉收第二，亦防枵腹爆干雷。
乳粥琼糜泛满杯，色香味触映根来。
睡魔有耳不及掩，直拂绳床过疾雷。

明代的唐寅，在去世的当年，写下过一长幅《行书手卷》（后人取此名）。手卷中包括他自写的诗《夜坐》《晏起》《晚酌》《散步》等11首，以及《漫兴十首》。这些手迹及诗是作者对茶与人生的一种回味。

明代杰出的书画家和文学家徐谓，曾有不少茶诗茶画作品，还以书法的行书形式表现《煎茶七类》一文的内容。可以说，艺、文合璧的《煎茶七类》，是茶文化和书法艺术研究的一份宝贵资料。

行书《煎茶七类》刻帖的原石，现藏浙江上虞文化馆。

汪士慎是“扬州八怪”中与茶交情最深的一位，由于嗜茶如癖，他的朋友金农称之为“茶仙”。汪士慎在管希宁的斋室中品试泾县茶时，曾作诗《幼孚斋中试泾县茶》，又以汉碑为宗的隶书形式书写成条幅，这幅作品可谓是隶书中的一件精品。

另一位爱茶的书画家金农，在59岁时写过《述茶》一轴，内容为：“采英于山，著经于羽，荈烈芬芳，涤清神宇。”他还书写过苏东坡的茶诗：

> 敲火发山泉，烹茶避林樾。
> 明窗倾紫盏，色味两奇绝。
> 吾生服食耳，一饱万想灭。
> 颇笑玉川子，饥弄三百月。
> 岂如山中人，睡起山花发。
> 一瓯谁与同，门外无来辙。

在“扬州八怪”中，郑板桥与茶有关的诗书画也多为人们所喜闻乐见。郑板桥喜将“茶饮”与书画并论，是一位集茶与诗、画为一体的艺术家。他在《题靳秋田素画》中的题跋中如是说：

> 三间茅屋，十里春风，窗里幽竹，此是何等雅趣，而安享之人不知也；懵懵懂懂，没没墨墨，绝不知乐在何处。惟劳苦贫病之人，忽得十日五日这暇，闭柴扉，扣竹径，对芳兰，啜苦茗。时有微风细雨，润泽于疏篱仄径之间，俗客不来，良朋辄至，亦适适然自惊为此日之难得也。凡吾画兰、画竹、画石，用以慰天下之劳人，非以供天下之安享人也。

现代书法家中也有不少十分喜好茶书法的人，如郭沫若、赵朴初、启功等，他们都有茶诗和茶书法。茶事活动中同时举行茶诗、茶画、茶书法交流，已是常有之事。

第五节 茶与谚语、谜语

如果说，茶诗、茶联、茶画多是展现文人与僧道品茶逸况；那么，茶歌、茶舞、茶戏等，则更多揭示了大众的茶艺情趣。除此之外，在人们口头创作中，还有茶谚和茶谜同样具有许多感人肺腑和启迪智慧的优秀作品。

工夫茶茶具

谚语，是民间创作并在口头广为流传的一种简练通俗而富有哲理性的定型化语句。以茶事为内容的谚语，被称之为“茶谚”。茶谚也是茶文化的重要组成部分，具有易讲、易记、便于口耳相传的特点，语言十分简练，但富含深刻的哲理或生活的道理。茶谚就其内容来讲，包括茶叶的种植、采摘、生产、制作、饮茶等方面。从目前材料来看，晋人孙楚《出歌》中说：“姜、桂、茶出巴蜀，椒、橘、木兰出高山。”这是最早记载的关于茶产地的茶谚。茶谚被茶书引录，起码在唐代陆羽《茶经》就已出现。《茶经•三之造》载：“茶之否臧，存于口诀。”这“口诀”就是茶谚。《茶经》中的“叶卷上，叶舒次”，“笋者上，芽者次”，是关于茶叶品质的茶谚。“山水上，江水中，井水下”，是关于品茗用水的茶谚。而唐代苏廙《十六汤品》则明确指出：“谚曰：‘茶瓶用瓦，如乘折脚骏登高。’”“谚曰”就是茶谚说。茶谚一直被继承和流传开来，元代农书《农桑衣食撮要》还记载：“谚云：‘茶是草，箬是宝。’”如今，茶谚依然存在于社会活动中，如《中国农谚》一书就有茶谚这一类别。

我国源远流长的茶谚，大致可归为以下几类。一是讲述茶叶品质及其产地的。例如：“时新茶叶陈年酒”“嫩香值千金”“山间竹里人家，清香嫩蕊黄芽。”这些是泛指茶叶品质的。“高山雾多出名茶”“平地有好花，高山有好茶。”从一般规律来说茶叶产地与品质的关系。而“金沙泉中水，顾渚山上茶”“龙井茶，虎跑水。”则是具体实指名茶和产地。这些茶谚，成为名茶最好、最简洁的广告。

二是传授种茶、制茶技术和经验的。例如：关于种茶地方选择的，“向阳好种茶，背荫好插柳。”“高山茶叶，低山茶子。”“土厚种桑，土酸种茶。”关于茶树种植的，“若要茶，二八耙。”(二、八指夏历二月和八月)“稻要地平能留水，茶要土坡水不留。”“正月栽茶用手捺，二月栽茶用脚踏，三月栽茶用锄夯也夯不活。”“茶树本是神仙草，不要肥多采不了。”关于茶叶采摘的，“立夏茶，夜夜老，小满后，茶变草。”“茶叶本是时辰草，早三日是宝，迟三日是草。”“春茶分批采，夏茶留大叶采，秋茶留鱼叶采。”

三是茶叶功效，提倡茶与健康的。例如：“姜茶治痢，糖茶和胃。”“饭后一杯茶，老来不眼花。”“素食清茶，爽口爽心。”“多喝茶，少烂牙。”

四是以茶待客，倡导茶礼的。例如：“客来敬茶。”“待客茶为先。”“无茶不成俗。”“贵客进屋三杯茶。”“清茶一杯，亲密无间。”“客从远方来，多以茶相待。”“茶逢知己千杯少，壶中共抛一片心。”“君子之交淡如水，茶人之交醇如茶。”

五是有关茶的泡饮方法的。例如：“头茶苦，二茶涩，三茶好吃摘勿得。”“一碗苦，二碗补，三碗洗洗嘴。”“头交水，二交茶。”

六是有关茶与日常生活的。早在宋元时期，就有“开门七件事，柴米油盐酱醋茶”的谚语，元明时期有“茶余饭饱”，明清时期有“三茶六饭”。与日常生活相关的茶谚，带有较强的地域性。如新疆地区的“牧鞭不离手，奶茶不离口”；广东等地的“早茶一盅，一天威风”；江苏扬州的“白天皮包水，晚上水包皮”；湖北鄂东的“头口烟袋二口茶”。

除了茶谚之外，还有一些以茶比兴的“俏皮话”，也称“歇后语”。这类“俏皮话”多口头创作，以诙谐风趣见长。如“茶壶里煮饺子——有嘴倒不出”；“茶壶里喊冤——壶（胡）闹”；“茶壶没肚儿——光剩嘴”，是以茶壶说事的。而“茶馆里的水——滚开”；“茶馆里伸手——壶（胡）来”；“茶馆搬家——另起炉灶”，则是以茶馆来形容的。此外，像“茶杯盖上放鸡蛋——靠不住”，则是以茶杯来比喻人的缺点。这些，与茶谚有着异曲同工之妙。

谜语是我国民间广为流传，历史悠久的具有独特民族风味的文字联想游戏，它是以

浙江武义茶园

某种事物或现象所做的简短的寓意的描写。而让人们去猜测的一种文字游戏。而民间茶谜则或以茶为描写、欣赏对象，或以猜测与茶相关的事项为内容，对事物进行形象化的说明，让人们猜测答案的谜语。

据传，谜语的起源可以远溯到上古时代的《弹歌》，距今有三千多年的历史。而在汉魏时期以前就很盛行，其后则有明显的文字记载。茶谜的起始虽无明确的历史记录，但依情理分析，当以饮茶之风流行后才逐渐丰富和发展的。像其他谜语一样，茶谜也有三大部分:一是“谜面”,又叫喻体,把某事物比拟为他事物。二是“谜底”,又叫本体，就是所说的事物本身，让人们猜测的答案。三是“谜目”，也就是说明要猜的范围、格式及谜底的数量。例如：“人在草木中”是“谜面”；“谜底”是“茶”；“谜目”是“猜一个”。

谜语种类繁多，从不同的角度可以分出不同的类别。从范围方面分，有谜语和灯谜；从内容方面分，有物谜，名称谜，动态谜，字词谜，诗文谜，科技谜等；从制作方法分，有普通谜，格律谜，哑谜，画谜，射覆谜和谜语故事等。茶谜仅是谜语中的一个小分支，虽然同样可以从上述方面分类，但作品的数量太少，会稍感繁杂。

另外，从茶谜的实际状况出发，大体以内容来分，有关于茶叶的、关于茶具的、关于茶事的,以及其他涉茶的。下面，我们做些具体分析。

关于茶叶的，例如：“生在山上，卖到山下，一到水里，就会开花。(茶叶)”“生在青山叶儿蓬，死在湖中水染红。人爱请客先请我，我又不在酒席中。(茶叶)”“生在山中，一色相同。到了市场,有绿有红。生在树丫，死在人家。一手执我，逼紧投河。(茶叶)”“生在青山叶秃秃，死在杭州卖尸骨，接客倒要先接我，坐起席来不见我。生在西山草里青，各州各县有我名，客在堂前先请我，客去堂前谢我声。(茶叶)”在茶叶类型中，还有的是关于具体各茶的。例如：“风满城(雨前)”“山中无老虎(猴魁)”“植树种草多提倡(宜兴绿)”关于茶具的，例如：“颈长嘴小肚子大，头戴圆帽身披花。(茶壶)”“一只没脚鸡，蹲着不会啼，吃水不吃米，客来把头低。(水壶)”“山顶一只猴，客人一到就点头。(茶壶)”“头大项颈小，肚大嘴巴翘。(茶壶)”“一个小崽白油油，嘴巴生在额角头，见了客人乱点头。(茶壶)”“胖在脖子，瘦在腰上。弯弯耳朵，翘翘嘴巴。头戴帽子,身上插花。(茶壶)”“一个坛子两个口，大口吃，小口吐。(茶壶)”“肚中装着水，心中烧着火，火在里边乐得笑，水在外边急得跳。(茶炊)”“人间草木知多少(茶几)”关于饮茶事项的,例如:“言对青山说不清，二人地上说分明。三人骑牛无有角，一人藏在草木中。(请坐，奉茶)”“孔明祭起东南风，周瑜设计用火攻，百万雄兵推落水，赤壁江水都变红。(烹茶)”还有的是以茶说事的，可以列入其他类型。如“茶！献茶！献香茶！”是“猜术语”，谜底为“品位提高”。

从以上例子来看，其形式有用俗语的，有用民间谣谚，有用四言诗歌的，有以形象描绘的，有以文字游戏的，还有以典故寓意的。

此外，茶谜也有属谜语故事的。最典型的：一是和尚买茶。一位嗜茶如命的老和尚叫他的哑巴徒弟穿上木屐，戴上草帽去找食杂店老板取一件东西。老板见了，就把一包茶叶给小和尚带走。因为这是一个形象谜语：草帽暗名“艹”，木屐则名“木”，小和尚是“人”字，加起来就是“茶”字。二是亲家报信。相传，清代纪晓岚亲家在任上亏空要被抄家，纪得知信后连夜派心腹报信。为防泄密，他在空信封装上茶和盐。亲家得信后，速将家财藏匿，抄时资财无几。原来，信以茶批“查”，再加盐和空信封，连起来就是“查封盐帐亏空”。

茶谜的创作方式多种多样，前面例子也说明，同样的谜底，有时谜面就完全不同。如：“山中无老虎”“孙悟空称王”，角度完全相异，但谜底都是指名茶“猴魁”。如今，茶谜创作还在继续，并且加入了许多新的文化元素。如“香茶留待国宾尝”，谜底为“等外品”；“粗茶淡饭过日子”，谜底为“美食节”，就都有现代气息。

茶山远景

结语
走向未来的中国茶文化

跨越千年，我们真诚地感受到中国茶文化的律动；

面对现实，我们欣慰地目睹着中国茶文化的变化；

展望未来，我们热切地期盼着中国茶文化的弘扬。

虽然我们对中国茶文化进行了深情的回眸，但这仅仅是走马观花，浮光掠影；虽然我们对中国茶文化进行了大体的梳理，但依然感到只是繁花一枝，言犹未尽。今天，时代已经进入新的世纪，穿越原始文明、农业文明、工业文明进入到信息时代，进入到更加充满希望和具有灿烂前程的21世纪。时代在变，社会在变，萌芽于远古，发展于古代，嬗变于现代的中国茶文化，会怎样随着新世纪起舞呢？虽然未来我们无法规范和制约，但是，对于中国茶文化在新世纪的走向，我们却可以进行必要的预测，探寻其发展的脉动与规律。

中国茶文化在当代社会，正走向多极发展。文化的生存与发展，有其当时的社会条件。新世纪已经发生了翻天覆地的变化，产生原有茶文化的条件已不可同日而语。因此，茶文化之中一部分不适应新世纪的风俗习惯，特别是那些陋习，毫无疑问将走向衰退、消亡，最终退出历史的舞台。而一些与当代生活相适应的，积极健康高品位的茶文化事项，依然会在人们的生活中占有重要地位，得到传承和发展。像我们日常生活中水乳交融的一些茶文化事项，如日常饮茶、以茶待客、以茶赠友等，莫不如此。特别是把茶提到“国饮”的高度，认为“清茶一杯，万象更新”，更是使茶文化的根基既具有广度，又有深度。同时，原有的茶文化也会发生“裂变”，如饮茶风俗，一方面追求传统，走向精美、精致、精细、精良；另一方面又力求适应快节奏的当代社会，于是袋泡茶、茶饮料同样并行不悖。茶文化的部分渐行渐远和形态的日新月异，两者同样是相依相存。

茶文化之中的良俗，并非会为新世纪“全盘接收”，也会有扬弃和选择。如茶叶的加工技艺，在当时的生产力条件下，显然是代表着先进的生产力和生产方式。然而随着当代科学技术的发展，原有的以手工制茶为主导的技艺，逐步由机械、半机械化的生产加工所取代。于是，手工加工茶变得越来越难得一见，掌握这种技艺的高水平传承人也越来越罕见。在第一批国家级非物质文化遗产名录中，武夷岩茶（大红袍）制作技艺名列其中，而现在正征求意见的第二批国家级非物质文化遗产名录，绿茶制作技艺（西湖龙井、婺州举岩、黄山毛峰、太平猴魁、六安瓜片），红茶制作技艺，乌龙茶（铁观音）制作技艺，普洱茶制作技艺，黑茶制作技艺，以及茶艺（潮州工夫茶）和富春茶点制作技艺也都列入其中。非物质文化遗产名录，优先列入的是“濒临灭绝”事项。这些与茶文化相关技艺的列入，既是幸事（得以重视保护），又是令人担忧的（正以超速度消亡）。这份珍贵的文化遗产，千万不能在新世纪中断。

新世纪的茶文化，还有一个新兴的支撑点，那就是当代的旅游。旅游是经济发展的助推器之一，是新兴的经济增长点，在许多地区已经成为支柱产业。名山出名茶，名茶连名胜。在风景名胜地区，往往有名茶，也有独特的茶俗。如今，许多旅游景点都有茶事活动，有饮茶风俗。当游客口干舌燥之际，喝上一杯清馥可口的香茗，暑气顿减，疲劳顿消，何等的舒畅，何等的惬意。那些生活气息浓郁，令人耳目一新的茶俗，带给人们的还有神清气爽。借助旅游的载体，茶文化的传播更为久远，也可以使茶文化遗产由静态的“死保”，走向动态的“活保”。随着旅游产业的进一步发展，茶文化活动和传播的深度与广度都会得到提升。

茶文化的跨地域，甚至跨国界交流将进一步拓展。茶文化本来就带有很强的地域性，是在特定的生活空间和社会空间生存的。但在当代，特别是随着社会的开放程度不断增大，文化的交流与传播变得更为广泛，茶文化正越来越脱离原有的“保真”状态，而走向表演的舞台。有的是在茶俗产生地原生态的表演，也有的是离开原产地到外地，甚至是搬到舞台上的表演；有的是在国内的交流，也有的是在海外，甚至是国外的衍义。这些做法，对于茶文化在更大范围内的传播是有好处的，但这也会对茶文化保持初始的“原汁原味”带来负面的影响。鱼和熊掌不可兼得的窘迫，摆在新世纪的面前。然而，这种发展态势，却又是不可逆转的。

总之，茶文化的此消彼长，茶文化的不断变化，像太阳的东升西落一样自然，像月亮的阴晴圆缺一样自如。从生活的茶文化，走向表演的茶文化；从纯朴的茶文化，走向娱乐的茶文化；从内敛的茶文化，走向开放的茶文化；从单向的茶文化，走向交流的茶文化。这些势头，不仅是“小荷才露尖尖角”，更是“喜看东风又一枝”。不过，具有厚重文化土壤的茶文化，具有“原子时代饮料”依托的茶文化，永远不会走向衰亡，永远充满再生、新生的活力！因为，有绿色的植物就会有茶叶，就会有茶饮的需求，而有茶饮就有适应时代的相关文化，这也是不会改变的客观规律！

2007年11月，由中国民俗学会茶艺研究专业委员会、南昌大学、江西省社会科学院中国茶文化重点学科组、韩国《茶的世界》杂志社、国际亚细亚民俗学会联合主办，庐山东林寺、云南普洱茶集团江西总代理协办的“世界禅茶文化交流大会”举行。我为大会写的“禅茶之歌”，由著名作曲家、江西电视台刘致君先生谱曲演唱。这首歌的歌词，正好也可以说是对《大美中国茶·图说中国茶文化》一书的概括：

莽莽西南，
浩浩长江，
那里是茶的故乡。
禀山川之灵性，
集万物之芬芳，
一片绿叶，承载着五千年的风霜。

茶如人生，
有浓有淡，
人生如茶，
苦后回甘，
让生活幸福美满，
人生得意须尽欢。

声声钟鼓，
高高亭台，
妙悟是最高境界。
如饮水知冷暖，
怀平常之心态，
禅风禅意，
传送着大智慧的天籁。

茶禅一味，
神韵相传。
风月舒卷，
长空烂漫。
让世界和谐平安，
千秋万代永远卓然！

茶给人们的，总是“天游两腋玉川风”的独特感受。

茶给世界的，总是“万木霜天竞自由”的万种风情。

中国茶从远古走来，又向未来走去。中国茶文化铸造着历史的荣光，又在展现今日的辉煌。这绵延不绝的潮流，犹如滚滚波涛永远向前，“唯见长江天际流！”

后记

茶味人生

迟日江山丽，春风花草香。

正是春光渐浓的时节，写完这本书的最后一个字，感到浑身的轻松，心中充满温馨的暖意。在承担繁重的研究时，还能够在预定的时间完成这套普及读物的写作任务，最重要的是世界图书出版西安公司的鼓励和支持。薛春民总编对这套书关爱有加，给予了多方面的帮助，责任编辑李江彬对本套丛书从策划创意到写作完稿，精心指导并倾注了极大热情，并一再督促。在科研和工作任务繁忙的当口，我也无法推托这项任务。现在，任务完成，真有如释重负之感。对于编辑们，我一直怀着崇高的敬意和深深的谢意。

书稿能够完成，还要衷心感谢江西省社科规划办公室，我所在的江西省社会科学院领导和院科研处给予了大力支持和帮助。王立霞、王俊暐不顾科研和工作任务繁重，帮助整理资料和撰写了部分内容。黄妍娜帮助打印书稿和承担事务性工作。王一吟曾创办在南昌颇有影响的水云涧茶艺馆，有丰富的实践经验，对茶叶、茶具和茶艺都有自身的理解。得知我工作繁忙，她依据我的提纲，主动帮助整理和写作了部分初稿。对于以上单位和个人，我一直心存感激。

自从初涉茶文化研究，不觉已是20多年。如今，虽然茶文化活动众多，热烈、热闹，热烘烘、热腾腾、热火朝天，却与茶静的本性、雅的追求相去甚远。这种浮躁和喧嚣，对于茶文化研究并非幸事。其实，在改革开放初期茶文化研究便属于“冷门专业”。支撑我们一直走来的，是一种对中华传统优秀文化的热爱、热切、热心、热诚，是一种对民族优秀文化的责任感、使命感和执着的精神守望。从寂寞走向浮华，这是谁也无法掌控的现实。但是，任何时候学者都应该有信仰的坚实，操守的坚持，目标的坚贞，行动的坚毅。坚如磐石，坚韧不拔，坚持不懈，坚不可摧，始终是学术的圭臬。“茶味人生，自然情怀。”只有这样，我们才能学术精神长存，学术道路坦荡，学术成果精进。

在中国茶文化的学术事业，存在着三种层面的工作：学术研究，学术普及，学术开发。这三者互相依存，互相促进。而这本《图说中国茶文化》，正是在学术研究基础上所做的学术普及。本书吸收了学术界的相关研究成果，也采用了自己学术研究的一些心得，但因受到体例限制，未能一一标注。本书的照片大多是从我自己拍摄的一两万张照片中选用的，但也有少数来自于朋友的赠送。这些都丰富了本书的内容，也是我们铭刻于心的。

近些年来，“茶为国饮”又被重提并得以广泛宣传。在当前世界文化的大格局下，“茶为国饮”应该有新的理解和新的理论阐述。虽然多次演讲我都谈到，“茶为国饮”应该界定为中国之饮，国人之饮，国际之饮。但论文一直未能成稿，也希望近期能较快地完成。因此，本书不仅是献给国人的，更是献给世界的。

“一瓯春露香能永，万里春风意已便。”这是金元之际颇负重望的元好问《茗饮》的两句诗。我想中国茶文化事业理应“香能永”，同样“万里春风”！作为学术研究，我们当继续为此努力。

余悦

2014 年 5 月于洪都旷达斋